男だてらに女性下着づくりにこだわった男の物語

ボディファンデーションに究極の美を求めて

鴨島榮治

GENERAL CATALOGUE

BODY FOUNDATION & SUPPORT ITEM LINEUP

Now Couture®

It shows another beauty of yourself.
Like a wearing haute couture, which is graceful foundation.

Ciel grège
シエルグレージュ

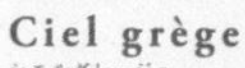

特許 第5444295号

Semi Long Brassiere
セミロングブラジャー

特許 第6897954号

Cup Less Body Suit
カップレスボディスーツ

Long Girdle
ロングガードル

Waist Nipper
ウエストニッパー

Shorts
ショーツ

Dusty rose
ダスティローズ

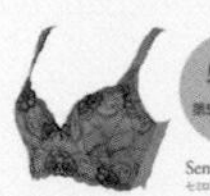

特許 第5444295号

Semi Long Brassiere
セミロングブラジャー

特許 第6897954号

Cup Less Body Suit
カップレスボディスーツ

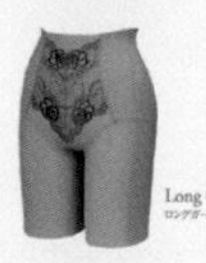

Long Girdle
ロングガードル

Waist Nipper
ウエストニッパー

Shorts
ショーツ

Mauve de navy
モーヴ ド ネイビー

特許 第5444295号

Semi Long Brassiere
セミロングブラジャー

特許 第6897954号

Cup Less Body Suit
カップレスボディスーツ

Long Girdle
ロングガードル

Waist Nipper
ウエストニッパー

Shorts
ショーツ

LAVIÉRE®

Une courbe évoluer. Technique progresser tous les jours.
Nous poursuivons beauté de la femme. Nous faisons un idéal avec vous.

Grape pink
グレープピンク

特許 第5444295号

Brassiere
ブラジャー

Control Camisole
コントロールキャミソール

Long Girdle
ロングガードル

Shorts
ショーツ

Tanga Shorts
タンガーショーツ

Lilas black
リラ ブラック

特許 第5444295号

Brassiere
ブラジャー

Control Camisole
コントロールキャミソール

Long Girdle
ロングガードル

Shorts
ショーツ

Tanga Shorts
タンガーショーツ

Vert bleu
ヴェール ブルー

特許 第5444295号

Brassiere
ブラジャー

Control Camisole
コントロールキャミソール

Long Girdle
ロングガードル

Shorts
ショーツ

Tanga Shorts
タンガーショーツ

Aube silver
オーブ シルバー

特許 第5444295号

Brassiere
ブラジャー

Control Camisole
コントロールキャミソール

Long Girdle
ロングガードル

Shorts
ショーツ

Tanga Shorts
タンガーショーツ

NowFeel®

We pursue the beauty of woman. We will help an ideal you.
You will discover yourself.

MÛRE BLEU
ミュール ブルー

Brassiere
ブラジャー

Long Girdle
ロングガードル

Lowleg Shorts
ローレグショーツ

LA VIÉRE® night

GOOD RECOVERY

Une courbe évoluer. Technique progresser tous les jours.
Nous poursuivons beauté de la femme. Nous faisons un idéal avec vous.

Night Camisole
ナイトキャミソール

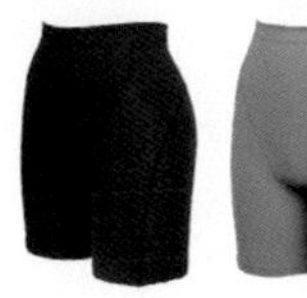

Night Pants
ナイトパンツ

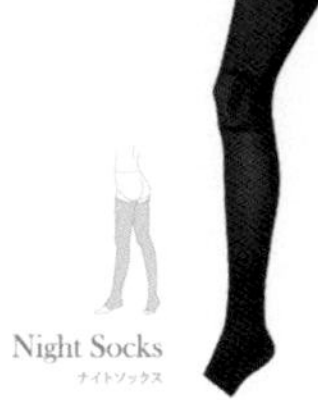

Night Socks
ナイトソックス

Ioceran®

SUPPORT ITEM

To pursue beauty. To keep good health.
It is the most important to pursue beauty using reliable commodity.

420 SPATS
着圧フルサポートスパッツ

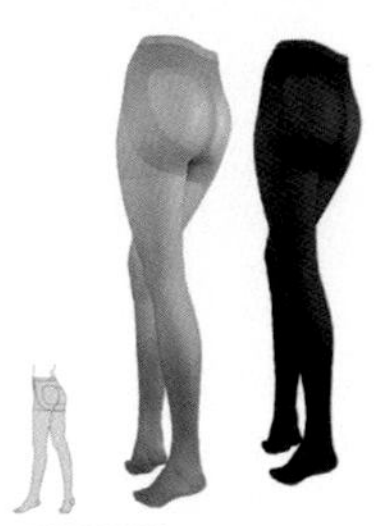

140 STOCKING
着圧フルサポートストッキング

UPPER ARMS SHAPE INNER
二の腕シェイプインナー

HIGH WAIST PELVIC TIGHTS
ハイウエスト骨盤タイツ

PELVIC LIFT SHAPER
骨盤リフトシェイパー

520 SOCKS
着圧ハイパワーソックス

WAIST LINER
ウエストライナー

WAIST LINER NIPPER
ウエストライナー用ニッパー

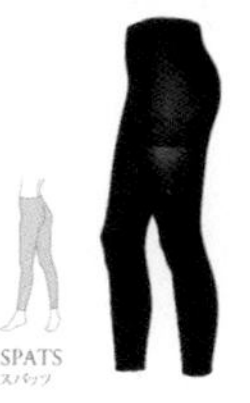

SPATS
スパッツ

LEG LINER
レッグライナー

ARM LINER
アームライナー

下着導入 サポートします。

1枚からの注文**OK**

ご希望の商品を必要な分だけ。

試着品貸出

イベント販売や社内研修などにご利用ください。(有料)

専門インストラクターによる
導入研修

スタッフの皆様に下着の必要性から着用方法まで丁寧に研修します。

アフターフォロー研修

導入後の着用チェックや洗濯方法、劣化による交換時期の指導を行います。

特別サイズ・修理承ります

グラマラスサイズやスレンダーサイズにも対応。また、破れやサイズ調整の修理も承ります。

QUEENBUHL®
Brightened your life up with the embroidered. Venus comes into the world with gentle ray light.

QUEENBUHL
Brightened your life up with the embroidered.Venus comes into the world with gentle ray
美しい宝石を纏う――クインブー
最上級に美しい身体を表現する「QUEENBUHL®」
追求されたパターンと高度な技術で
美しい姿勢と美しいボディラインを創り出す。
最高級の宝石を纏うような
圧倒的に美しい装い。

Now Couture®
ナウクチュール
It shows another beauty of yourself.
Like a wearing haute couture, which is graceful foundation.

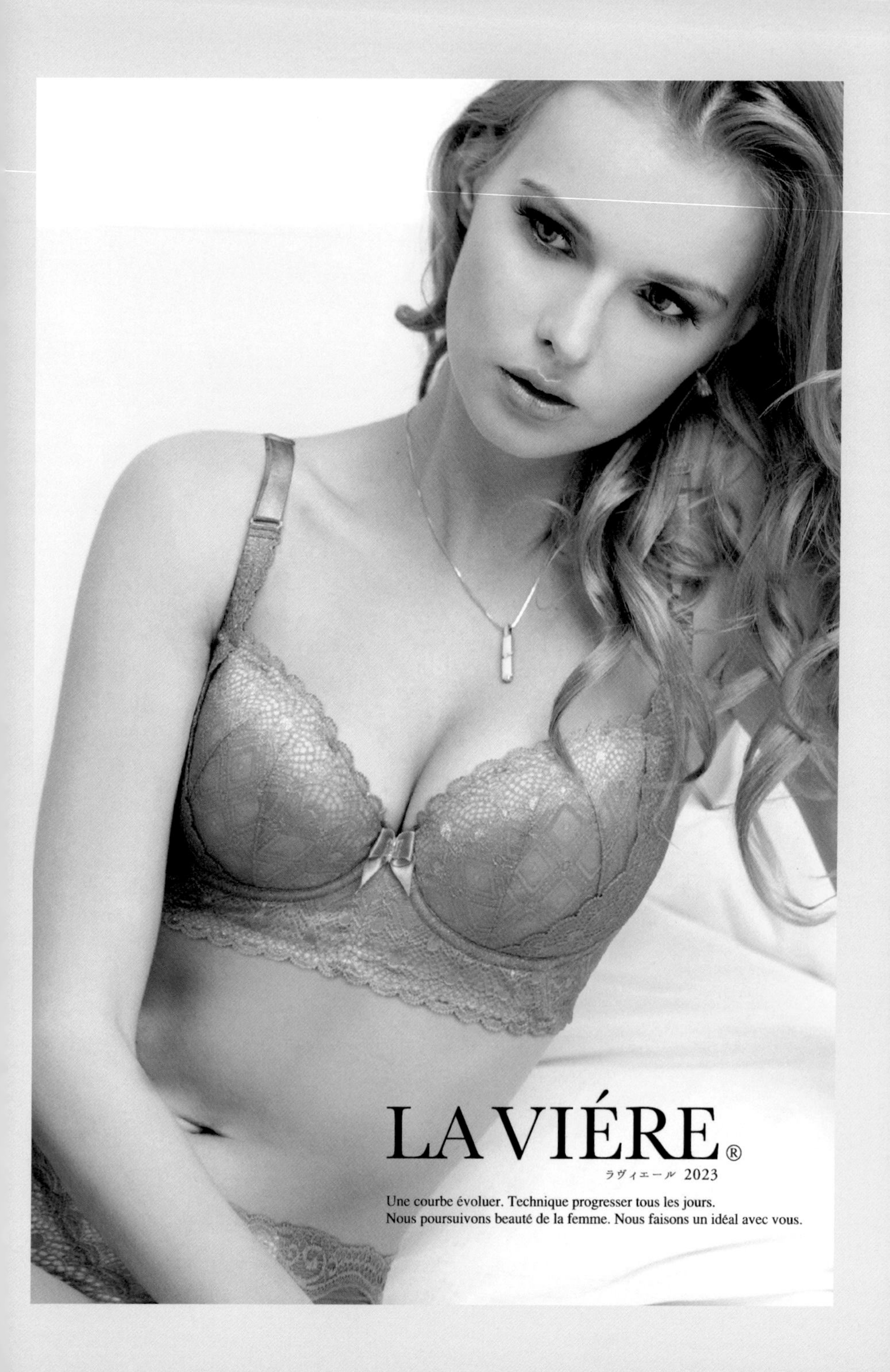
LA VIÉRE®
ラヴィエール 2023
Une courbe évoluer. Technique progresser tous les jours.
Nous poursuivons beauté de la femme. Nous faisons un idéal avec vous.

LA VIÉRE®
Une courbe évoluer. Technique progresser tous les jours.
Nous poursuivons beauté de la femme. Nous faisons un idéal avec vous.

NowFeel®
ナウフィール 2023
We pursue the beauty of woman. We will help an ideal you. You will discover yourself.

NowFeel.

LA VIÉRE® night

GOOD RECOVERY

Une courbe évoluer. Technique progresser tous les jours.
Nous poursuivons beauté de la femme.
Nous faisons un idéal avec vous.

LA VIÉRE® night
GOOD RECOVERY
Une courbe évoluer. Technique progresser tous les jours.
Nous poursuivons beauté de la femme. Nous faisons un idéal avec vous.
NOW

Ioceran®
イオセラン　サポートアイテム
SUPPORT ITEM
To pursue beauty. To keep good health.
It is the most important to pursue beauty using reliable commodity.

Ioceran®
イオセラン　サポートアイテム
SUPPORT ITEM
To pursue beauty. To keep good health.
It is the most important to pursue beauty using reliable commodity.

LA VIÉRE®
Une courbe évoluer. Technique progresser tous les jours.
Nous poursuivons beauté de la femme. Nous faisons un idéal avec vous.
Divin bleu

ナウ・ギャラリー

上：令和５年５月 BWJ ビックサイト　ナウ出展　　下：ランブール フィッティングルーム

32 歳の頃の母

母の兄弟とおばあちゃんに抱かれている著者約 2 歳

大学生登山を趣味に

高校１年

前列右から２番目・広将（長男）を抱いて

初期のランブール

水牧時代の社屋

水牧時代の縫製工場

昭和 53 年 10 月水牧時代の社員旅行

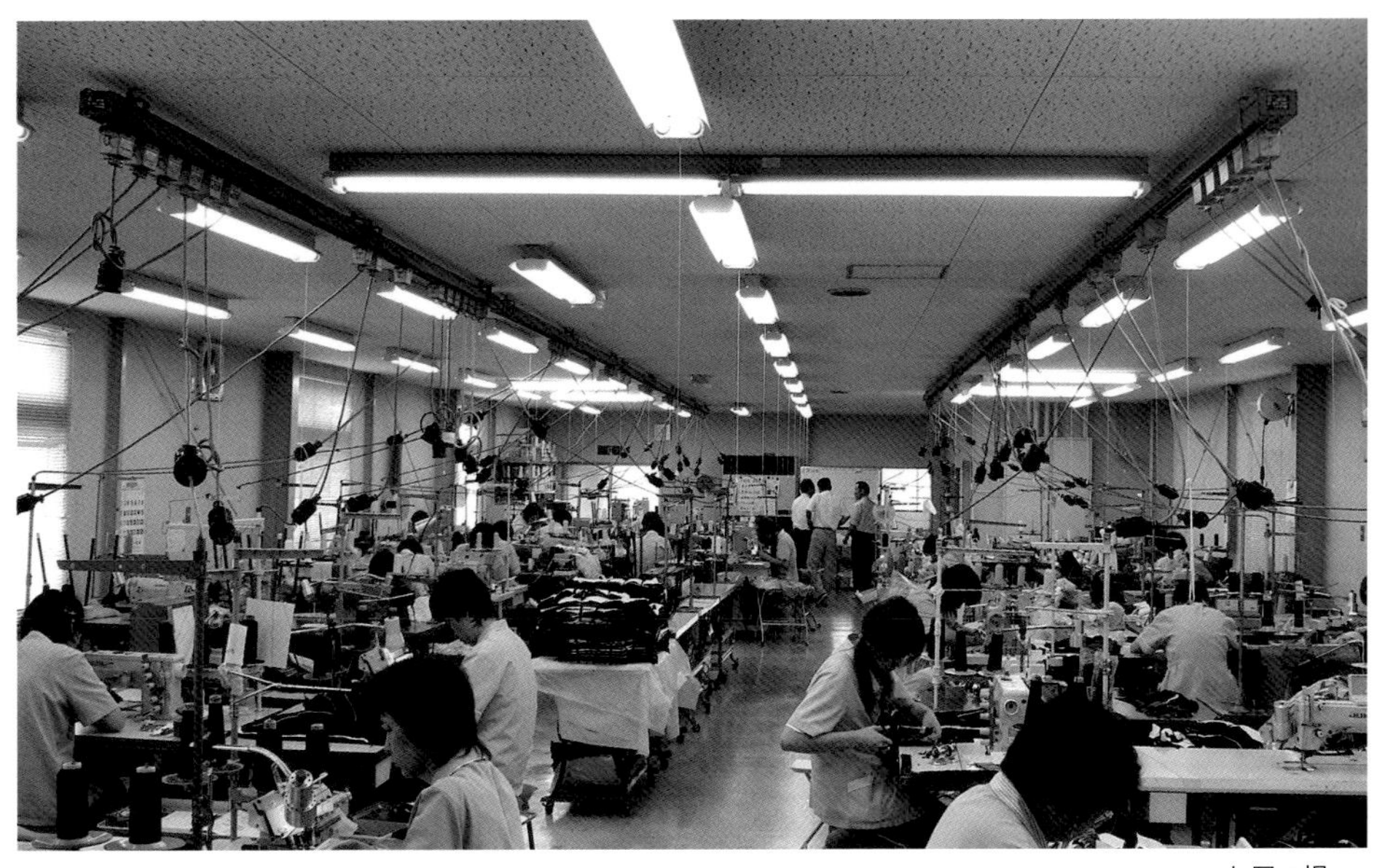

七尾工場

ランブール発展期

ランブール社屋全景

工場見学するコシノ姉妹（左端から妻、私、右端が母）

平成 7 年 9 月、ランブール設立 20 周年

コシノジュンコさんとパリコレにて（右から妻、母、私）

平成 22 年 4 月入社式

工場見学にて橘部長の商品説明

管理者研修会

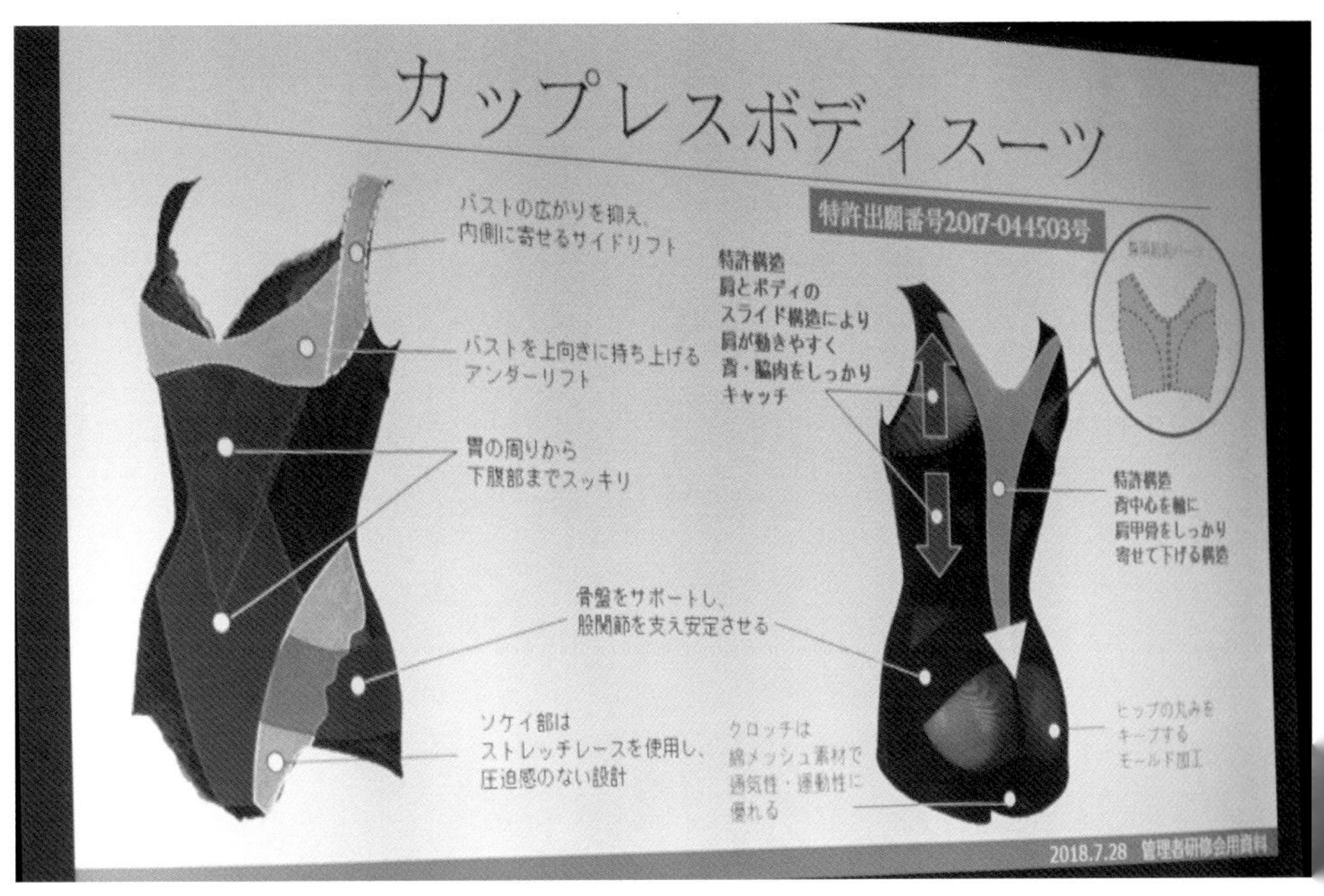

管理者研修会テーマ発表

平成 22 年 4 月上海蘇州旅行

平成 27 年 6 月台湾旅行

ナウ社屋

ナウ社屋航空写真

左から息子広将（現社長）、母（85歳）、鴨島商会城専務

平成 30 年 4 月 20 日　ナウ 30 周年記念と社長交代、新社長挨拶

令和元年 11 月 9 日　ランブール設立 45 周年記念祝賀会

令和３年９月28日　ランブール社長交代、新社長挨拶

ランブール社長交代、２人並んで

CONTENTS

はじめに

「はじめに」は本の初めに書くものですが、私は本文をすべて書き終えてから、この「はじめに」を書きました。

本文の執筆がいよいよ終わって、原稿を出版社に渡したあと、出版社から「はじめに」を空けてあるので書いて下さい、という連絡が来たのです。だから、この文章はいちばん最後に書いたものです。

母が元気なころ、母に「お母さんの本を書いて出版してあげるよ」と言っていました。母は喜んで、本ができるのを楽しみにしていたのでした。

それから年月が経って、母は平成28年2月12日に満90歳で亡くなりました。もちろん書く気がなくて騙（だま）したわけではないのですが、今となってはペテン師だと言われても仕方ありません。「本ならいつでも書ける」という思いがあったのです。が、約束を果たせないままとなりました。

しかし、私は、言ったことは約束であり、「約束は違（たが）えない」という信条を持っています。それで、ペテン師を返上したいと思い、2年前に〝何としても母の本を書こう〟と決心しました。

そして、いざペンを執って机に向かうと、ともに過ごした母のことであっても、きちんと母へ取材しなければいっこうに書けないことが分かったのでした。かろうじて、母は手記やエピソードを残してくれていました。それを載せるだけで精一杯でした。

書けないと思ったもう一つの理由は、母は功績を遺した人物でもないということでした。しかし、母の仏前にお参りしに来た人が「小矢部市最後の女傑であったね」と言ってくれたのを聞いて、私はこの本に母のことをできるだけ盛り込もうとしたのです。

しかし、いざ書こうとすると、迷いながらなかなかペンが進まず、結局、自叙伝風にならざるを得ませんでした。ですから、母のことも自分のことも中途半端になってしまい、何を訴えているのかよく分からなくなっているところもあるかもしれません。

ランブール設立50周年記念の社史は、息子である社長が出版することになるので、この本は社史でもないわけです。

そこで、思いを巡らすと、書き残したことがあったのです。それは妻のことでした。「はじめに」としては少々長くなるかもしれませんが、ここで妻のことを書きたいと思います。

妻とは80回ほど海外旅行に行きました。二人だけの旅行だったり、仕事の出張先へ妻を連れて行ったりでした。妻は、この本の原稿はまだ読んでいませんが、この本の真相はすべて知っています。妻はそのことを誰にも言いません。ときどき、私が忘れていたことを聞くと、妻はすべて詳しく話してくれます。得意先や取引先のこと、社員さんのことなど、私の知らないことまで……。

　そんな時、いままで何気なく一緒に過ごしてきたけれども、妻とともに歩んできたのだと、改めて痛感します。妻は縁の下で支えてくれたのです。

　ですから、この本は、妻との共著だと思っています。

　この本は他の人に読んでもらうほどのものではないという気持ちになっているのも正直なところです。できれば、私と妻だけが読む本にしたいとも思ってもいるほどです。


　話は変わりますが、私は、縁起や区分を大事にしています。たとえば誕生日や記念日や大安などです。

　この本の発行日は私の誕生日の９月28日にするつもりでした。しかし、デザインや印刷などに時間が必要で、少しずれての発行になりました。

　今年、２０２３年の９月28日は私の満77歳の喜寿の誕生日であり、これを区切りとしたエピソードを「はじめに」に入れて、執筆を終えることにします。

　９月28日と29日、同級生の「仲よし会」の、男性９名、女性14名、計23名で、奥飛騨（おくひだ）に1泊2日の旅行に行ってきました。途中上高地（かみこうち）を散策して、夜は温泉で宴会し、２次会はカラオケでしたが、皆さんのパワーに圧倒されたものです。「こんなにも人生を楽しんでいるのか」と。一生懸命に一緒に楽しもうとしましたが、なじめませんでした。私はカラオケを練習してまで歌いたいとは思いませんが、こんな人生もあるのかと勉強になりました。

上高地（かみこうち）は私の聖地です。20歳のころ穂高に登りました。唐沢の雪渓（せっけい）にもアイゼンを履いて登りました。徳沢から横尾を歩いて槍ヶ岳にも登るなど、北アルプスを頻繁に歩きました。イワナも釣って、平湯大滝付近でテントで寝たこともあります。支柱を家に忘れて雨の中テントのシートをかぶって寝たのですが、息苦しいので顔だけ出して、一晩中雨が顔に当たったままだったのを懐かしく思い出します。

若いころからリーダーシップがあるほうで、人の上に立つことが多く、案外まわりの友人は登山にもついてきてくれました。テントを張って立山などの周辺の山を登ったり、春山もスキーをはいて登ったり。昔は登山の規制もなかったので自由に歩き回ることができました。単独行も多く、友達の母親から「大事な息子が怪我でもするのではないか」と心配されたこともありましたが、私の母は何も言いませんでした。

ランブールの会社経営に携わり、数々の地域団体の長も引き受けてきました。そういう意味では一派を立てる〝男〟だったのかもしれません。どこの企業の配下にもならず、傘下にも属せず、一匹狼で汚染されずに貫いてきました。メーカーを立ち上げ、最終商品で市場開発や得意先開拓をしたのです。現在は新社長が先頭に立ち、自社ブランドのラインアップで、全国展開をしています。

私は社長時代、起業してまもない会社を育てるために、得意先を回ることに一生懸命でした。接待はゴルフと宴会。メーカーとしての会社をアピールしました。得意先のイベントなどの企画の提案をして、私が自ら幹事になり、二役三役で盛り上げたものです。酒を飲むのが好きなので、それを営業に活かせたことが私の強みになっていたと思います。だから「酒は男の嗜み」だと思っています。

仕事以外では「中道」「ありのまま」でのめらない付き合いをしています。だから案外孤独で、冷たい人間だと思われることもあるのですが、情は厚い方でしょう。人に分かってもらわなくても、人は人、自分は自分で、自分の人生は譲らないのです。自分の人生を迷わず貫くわがまま男でもあるのです。

私の事業は美の世界です。学生の時から、なによりも美術が好きでした。若い頃は日本画も描きました。自分の好きなことを事業に活かすことができ、幸せな人生を送ってこられました。

社長時代は、経営者として経営を実践してきました。現在、会長も退いて顧問になっています。経営は現社長に任せればよいのです。ただ、代表権を持たない顧問でも経営者のはしくれです。会社の発展を担う使命があることに変わりはありません。いままでは教育を行なったことがなく、命令をしたこともありませんが、それでよいかというと、私の培ったノウハウを伝えていかなければ無責任だと思っています。

母の商売を、そのまま私の経営に取り入れることはできません。だから、この本は、母の商売の話と、私の経営の話で、内容が多少噛み合わないところはあります。

時代も大きく変わりました。今の若い女性は自分で店舗やサロンを起業し、個人経営をするのです。母の姿とオーバーラップします。「ナウの下着」事業のスタッフは、そのような店舗やサロンに下着導入などの販売支援をしています。これも私の社長時代と違っているところです。

私は、社長時代から「社員が満足しなければ顧客を満足させられない」と思って、社員第一でやってきました。社員第一の素晴らしい社員が、顧客第一でやればよいと思っています。今の営業スタッフは私以上に、それを実践しています。

崇拝している儒教の始祖である孔子さんの誕生日は9月28日で、私と一緒です。平成23年、県日中友好協会の世界遺産の旅では、孔子の里・曲阜（きょくふ）に9月28日を目がけて行ったものです。9月27日の前夜祭に大会があり、ものすごい人でした。翌日は泰山へ登りました。

私は神仏への信仰を大事にしています。道徳心の上にあるのが宗教心だと思っています。本の中にはそのような私の心までは書けていないのではないかと思いますが、みなさんの心で読み取っていただければ幸いです。

追伸

お忙しい方やランブールの商品について知りたい方は「第8章　ランブールの下着はどんな下着か」を読んでくだされば、ランブールの下着やものづくりが分かります。

２０２３年10月１日

第1章

創業者、母の生涯

母、外子はランブールの創業者である。

第二次世界大戦後まもなく、下着の企画製造、販売を始めたのだが、当時の日本では珍しい商売だった。いま思えば、母には先見の明があったのだと思う。

母の手記が残されているので、ランブールの創業と経営の一端を、手記より紹介する。

昭和14年・母14歳の奉公

朝方「大阪」という駅員の声でホームに降りました。

かねてよりの打ち合わせで、白いワンピースに白いハンカチを頭に被(かぶ)って私はホームに立ちました。

しかし、私の近所から同じ奉公先に行くため、先に来ているはずの「幸ちゃん」の姿はありません。迎えに来る手はずになっているものの、迎えの人もいっこうに姿は見えません。その場を動いてはならないと迎えを待ち、今か今かとお腹を空かして立っていました。ホームよりぼんやり前方を眺めると、富山では見たことのない大きな素敵な建物が珍しく眼に映っています。

そして、ハリのあるドレスを着た私と同年輩と思われるお嬢さんが、お母さんと連れだって微笑みさえ浮かべて私の横を幸福そうな顔で通り過ぎて行くのでした。彼女は、当時は珍しい婦人服のスカートをふくらませるために作られたパニエを付けているのでしょう。

広がったおしゃれなスカートと、鮮やかなビーズの手下げバッグをもっていました。

その姿に接した私の心は、夏とはいえ秋風の吹く心地よい思いがしたものです。

時折、ハンカチを被(かぶ)って立っている私を見て声をかけてくださる親切な人もいましたが、弱音を吐かずに待っていました。しかし、いくら待てども迎えの姿はなく、とうとう限界が来てしまいました。

私は、無意識の内に階段を降りていくと、そこに赤帽を被(かぶ)った、瘦(や)せたおじさんが目に留まったのです。〝そうだ、この人にすべてを話そう〟と意を決して話し始めました。

赤帽さんは、親切に鉄道の荷物置き場から私の竹の行李(こうり)を受け取って、肩に担(かつ)いで、私の行こうとする吹田(すいた)の奉公先まで案内してくださったのです。

日はとっぷりと暮れていました。思えば、朝から暗くなるまで駅のホームに立っていました。寂しさが胸いっぱいにこみあげてくるのでした。

「渡る世間に鬼はなし」といいますが、助けられた安心感で、泣けて泣けて仕方がなかったのでした。あの人が生きていたらお礼を言いたい。しかし、当時14歳の私、赤帽さんはもうおじさんでした。すでに、向こう岸に逝かれているでしょう。

「思うときに人はなし」とは、よくいったものだと、つくづく思うのです。

吹田(すいた)の奉公先では、私の新しい人生が始まりました。

最初は何が何だか分からぬまま過ごしましたが、フッと気の付いたのは、幸ちゃんの姿はどこにも見あたらなかったことです。そのことを私は聞きもせず、誰も言ってもくれず、時が過ぎていきました。

私のホームでの一日の労をねぎらってくれる人は、この家にはいませんでした。次の日から、毎朝女学校に通っているお嬢さんのお弁当を持って後からついて行きました。お嬢さんはちょっと小走りをして、後を振り向いて「はよう歩けんかい。ドンクサイなー」と言うのです。

自分は今、どのような立場におかれているのか、人間としてそれを我が心に諭（さと）すということは大切なこと。腹も立てずハイハイと言って忠実に従いつつ、常に畑を耕し種を蒔（ま）いていかねばと決心しました。将来を期するものとして、私は一日も早くこの家に恥ずかしくない奉公人になるべく、その精神を身に付けようと思っていたのです。

ある日奥様から「外ちゃん。お買物に行ってきなさい」との言葉。富山と違って上品な〝お買い物〟とは……？　見るものも珍しく通りを歩き、私は八百屋に着いて「そこにある、おテンプラください」と言ったのです。

「ハアー？　おテンプラでっか」と八百屋のおじさんはケッタイな笑顔を見せました。なるほど次回から「お」だけは取らなくてはと思ったものです。早く道を覚えようと焦り、こまねずみのように走り回り、必要以上に体を疲れさせては自分に納得する日々でした。

この家の奥さんは、ときどき阪急デパートに買い物にお出かけになります。その間、遊ぶわけではありませんが、家人が留守の時間は魅力のひと時です。庭の犬とたわむれ、家族の大切にしている「ワンちゃん」をちょっと叱ってみることで、小さなウップン晴らしにしていました。

そんなある日、小学3年生の坊ちゃんが風邪をひいてしまい、医院から先生が家に来て診察をしました。診察は終わったのですが、薬を頂(いただ)きに行くのが夜中の1時頃になってしまったのでした。当時の吹田(すいた)は人家も少なく、シーンと静かな夜道を一人で歩いていると、人家の土塀(どべい)が動いて見えたのでした。恐ろしくて逃げるように小走りになっていましたが、少し行くと新聞社、またしばらく行くと助産婦さんがあり、その戸口で人の出入りがあったのです。昔のことわざの「地獄に仏」とはこのことであろうかと助けられたひと時でした。

しかし、そこを通り過ぎて再び暗い道をトボトボ歩いていると、後ろからヒタヒタと人が付いてくる気配がするではありませんか。しかし、何事もなくお使いをして家に着くことができたことで、私にとってはそれ以降、背戸(せど)の物置に夜遅くお米などを取りに行くのが少しも怖いと思わなくなりました。

考えてみると昔の人は、我が子も他人の子も随分粗末にあつかったものだと思います。

明けて3月1日、ドーンという大音響とともに物干し竿が飛び上がり、そして下に落ちました。外に出ると犬は走るは、ガラスは割れるは、一体何がどうなったんだろう？　あとで枚方の火薬庫が爆発した事を知りました。吹田は事もなく済み有難い事でした。

梅の花もほころぶ頃、私は慣れるにしたがって多忙を極めリズムを取って働くようになりました。

そんなある日の事、縁側の籐椅子に座ってご主人が朝刊を読んでいました。かたわらに奥様が座って、私を手招きして「外ちゃん、ここに座りなさい。実はね、息子の浴衣と帯がなくなっていることに気付きました。富山の弟に着せるために送ったのであろう。謝りなさい」と言うではありませんか。

「いいえ、私は盗っていません」

私の母は人様の家の玄関に一筋のわらが落ちていても拾うことはならぬと言うほど、子供の時からのしつけは厳しかったのです。瞬時に、私は取らぬ物をあやまる必要なしと、きっぱりと言い切ったのでした。

このような降ってわいた出来事に、私は失せ物の見つかるまで辛抱ができず、家へ帰る決意をしたときのこと、ご主人の会社から30才くらいと思われる男性が来たと思うと、必要以上にガタガタと家具を動かして掃除をしはじめました。するとフスマとタンスの間から失せ物2点が出てきました。

その時、ご主人は「ほうー、正直なもんやなー」と、たった一言で終わったのでした。

現在、私は多くの社員さんを持つ会社の会長として、感謝の日々を過ごしていますが、当時のことを振り返るたびに、人を疑う前に己（おのれ）の気構えがどうなのかということ、その大切さをつくづくと思うのです。そして、人間死ぬまで勉強の日々であることに気づき、私自身よい人生経験をさせていただいたと感謝に変えています。

いよいよ、おいとまに近づいた時、八百屋の主人からおほめの言葉を一ついただきました。それは「他の奉公人は八百屋に行っても、家の悪口を言っているが、外ちゃんはその点えらい人だった」と。

しかし、奉公先の主人は言いました。「この間作った着物、あれは裏地はうちのやさかい、ハサミでほどいて置いていきなさい。後に来る女中に渡すんやから」。私はその言葉に母の姿が浮かびました。母は近所の子供が人形を負ぶっているのを見て、さっそく端切れをさがし、人形の上に羽織るものを作ってかけてあげていました。子供が8人もいたけれど、「他人の子も家の子も同じ子供や」と言って……。

時間もなく、余裕のないはずの身体を人様のために使う。私には到底出来ない事と思うとき、亡き母に頭の下がる思いがしたものです。そして、貧乏もただではできないものと思いました。

大阪の奉公先といよいよお別れの時がきました。ご主人が大阪駅まで見送ってくださいました。当時の蒸気機関車です。一足遅くガチャンと動こうとするとき、今一度駅のホームに目をやりますと、すでにお帰りになったと思っていたご主人が手を振っていました。

ゴトン、ゴトンとゆっくりと駅を離れる列車。大阪が遠ざかるや、急に涙がとめどなく流れてきました。昔の座席は狭く、5才くらいのかわいい女の子とお母さんが前の席に座っていました。お二人は私の顔をジッと見つめて、ともに涙を見せてくださったのでした。その顔が今も私の心に残っています。

思えば昭和14年14歳の8月15日の夜、夜行列車に乗るべく、近所の人に見送られて出発して、奇しくもあくる昭和15年8月15日に家路に着きました。ただ、ありし日のなつかしい思い出、当時貯金通帳の小さなはんこ一本、今も大切に私だけが知る思い出です。そして、相手の立場を思うとき、子供のような私を寸時を惜しんで少しでも成長させようと心を砕いてくださったことに、私の現在はこの一年にあったと、当時の苦労を喜びに変えております。

丸紅飯田（昭和34年・34歳）

実用新案は、その効果たるや10年間といいます。

昭和34年の年でした。５４０６１６号の特許番号で下りてきたのが「伸縮織帯の構造」と称する女性の着物に利用するもので、縦方向に切り込みがあり帯締めを通し前で結ぶという、ズレなくて融通性のある大変便利なものでした。

私は、大地に足が付かぬほど、嬉しかった。

しかし、販売のことを考えると、一枚売りでは能のないことです。とっさに思い立ったのは総合商社というか京都にある丸紅飯田でした。

あかんでもともとという思いでした。富山から夜行列車に乗って夜明けのガス灯みたいにぼやけた顔で訪問するのでは、あまりにも敷居が高いと思い、前日の晩、近くのホテルで一泊しました。そして翌朝の会社の開始を待って伺いました。

すると「女性一人で正面玄関から堂々と売り込みに来はったのは、あんたが初めてや！よっしゃ。あんたの度胸を買いましょう」と言われて、交渉が始まったのでした。実のところ、私は正面も裏口も分かるはずもない。ただ、一目散に門をたたいたのです。とにかく不幸中の幸いというか半信半疑のままでした。

「ところで、これは商品名は何と言うのですか？」と申されたのですが、〝何たることぞ〟それも考えずに来てしまったのでした。〝そうだ、世の中変わってもいまの時代が現代ではなかろうか〟と私はとっさに「『現代帯』ではいかがですか？」と返答すると、先様は「ではそれでいきますか！」と申されたのです。ポスターもこちらで作ることになり、納得のいく話がうれしく、さっそく石川県の常連の織元に行き「天下の丸紅さんと取引が決まったんで、立派な製品ができあがるように頑張ってほしい」と社長に言うと「本当ですか！」と目をパチクリされたのでした。

当時は家内工業がほとんどで、2、3の工場に発注したものです。製品を無事納品して、初めて丸紅の手形を機屋に渡したところ、機屋の社長は仲間に丸紅の手形を見せに回ったそうで、そこでは「まあまあお茶でもどうぞ」と言って、手形を珍しそうに眺めたというのですから、その情景を想像しながら大笑いしたものです。

ある日、金沢に商用で出かけた際、浅野川のほとりにある占い所の看板が目にとまりました。〝これ幸い〟と思い、私の尋ねたいことを話すと、やがて出たのが〈大海の水に舟を浮かべて行けども底は浅し〉。「こんなんが出ましたけど、だんだんようなりますから。また来てください」と言われ、何だか気持ちはすぐれないのですが、当たるも八卦当たらぬも八卦、気にすることなしで納得したものです。

こうした伸縮素材は伸び率で決まるので、研究を重ねながら10㎝巾の白地は、お寺のご坊様用とすれば、着物の伊達締めの利用に着崩れはしないし、また6㎝の縞柄織りとか、ずいぶんと幅広く売れました。

昭和50年頃のある日のこと、突然電話がかかってきました。

その人は以前、丸紅さんで繊維部門に勤務されていたのですが、ある会社の社長令嬢と縁談があり婿養子に入籍された方でした。その会社は職種が違うために、別会社を設立してボディファンデーションの取引をしたいとの依頼でした。

この人とは、しばらくはスムーズに取引をしていたのですが、あるとき大きな連鎖倒産にあってしまい、私の方は納品したものの売掛金はもらえずのままでした。よく、大の虫を活かして小の虫を殺すと言われる如く、親会社は彼の会社を見放したようで、彼はこのことがネックになったのでしょうか、しばらく病気で伏したまま55歳の若さで亡くなってしまわれました。

当時の私は、どうせもらえぬ金子(きんす)であればと思い「また元気を出して再出発に使ってください。あのお金は私のはなむけです」と彼に話したのでした。そのことを、奥さんが覚えていたとみえ、ある日大阪の営業所にたくさんお土産を持参され、深々と頭を下げられたのが印象的でした。

その時にふっと思ったことは、いつかの金沢での占いのことです。〈大海の水に舟を浮かべて行けども底は浅し〉。

この占いの言葉を気にしていたのですが、彼との取引が終わって、占いも終止符となり、おかしな満足をしたものです。

人間の宿命というものは、自分では払いのけることのできないものだと、つくづくと感じながら、また明日からの出発があると思う今日この頃です。

御母衣(みほろ)ダム（昭和35年・35歳）

昭和35年ころのこと、石川県高松では伸縮織物が盛んでした。

女性用ソフトガードルにと考案した丸編みシャーリング織という素材が、思うような取引先がなく大変困った織元さん。私は、ふっと思いついたのでした。幸いに黒生地で腹巻状のものでしたので、男物の腹巻にどうかと考えました。

その頃御母衣(みほろ)ダムの膨大な工事が始まっていました。そこで、工事を担当していた佐藤工業や間組の事務所に伺って、お願いして売らせて頂くことになったのです。ところが、現場は広い原っぱに立ち並ぶ寄宿舎でした。事務を担当している夫婦の方に品物を送り付けて、いよいよまず一日目の午後に伺いました。寄宿舎は細長く、升目状にずらりと並んでいて、なんと売りやすい並びだろうかと、うれしくなりました。やがて、順次仕事場より帰って来た人たちは、湯呑み茶わんにお酒を入れて飲んでいる人、男手で洗濯している人など様々です。事務所の奥さんは、親切に私について来てくださり「皆さん、汚れの目立たぬ軽くて温かい腹巻はいかがですか！　売店もなく、広っぱで変化のないこんな所にお姉ちゃんが腹巻を売りに来たよ！」と言ってくれたのです。こんなところまで商売に来たのは、めずらしいことだったのでしょう。たくさん送った腹巻は一人が２枚も買ってくれたりするなど、家に家族を残して来ている人たちの思いやりの温かさが身に染みて、うれしく皆さんにお礼を残して帰りました。思い切って足を運んでよかった。機屋の社長の喜ぶ顔が目に浮かぶ……。

ところが、明るい昼からは想像もつかないほど暗い夜になり、広っぱの電柱にぶら下がっているハダカ電灯がにぶく光っていました。怖がりの私は昼間想像できなかった辺りの暗さに戸惑いを感じ、ふと初めて気が付いたのは、重くなった財布の事。後からだれかついてこないかと思うや、ただ真っ暗な中をドンドン走った。そして駅前の宿に着いたときは、三波春夫さんのセリフ「お客様は神様でございます」も忘れて〝何たる事ぞ〟と自分を戒めました。この思い出は一生、頭をはなれることがないだろうと思いました。

歳月が流れ、社員15人を乗せた車で、ひるがの高原に社員旅行に行くことになりました。かつての思い出の御母衣ダムのほとりにさしかかったとき〝さあ、車を止めて一休みしよう〟ということになりました。吹く風にさざ波を打つ水面を指した息子が「母さん、ここの村全体がダム底に沈み、夏の水位の下がった時など、水底に村の家々の屋根が見えて何とも不気味に思えるそうな」と聞かせてくれました。

私のみ知っている当時のこと、暗闇の中をドンドン走った、あの辺りはどこだろうか。当時をなつかしく思うのでした。

ダムの底には、樹齢４、５００年といわれる2本の桜の木。時の流れをともにした、お寺の大木はダムのほとりに移動され、今は悠然と昔を偲(しの)んでいます。

村人達はこの桜のもとに集まり、お互いの無事をたしかめ、語らいの一時を過ごされると聞きます。

社員一行は桜の下で記念写真を撮り、私の若き人生の歩みが、このような幸せを待っていたことを、かつての私自身も知るよしもない一時でした。

薩摩隼人(さつまはやと)

昭和37年鹿児島に出張中のこと。

お得意様より紹介いただいたのが、薩摩隼人のあるドレスメーカー女学院でした。

1時間くらい走って初めて見る町。途中で馬の行列に出合いました。見ると馬が頭に花笠を冠(かぶ)り背中には美しい飾りを乗せて、パカパカとマンボ踊りのように行きます。今日は隼人町の春祭りとのことで、楽しいひと時でした。

首尾よく仕事も終わり、その3か月後に送金を受ける約束をしていましたが、〝遅いなー〟と思っていたころ手紙が届いたのでした。学院長の話では、鹿児島で洋裁連盟のファッションショーを見に行っている間に校舎が火事となり（アイロンから出火）しばらく待ってほしいと言われました。それっきり送金もなく、私の鹿児島出張中の思い出は、馬のマンボ踊り。その情景がスライドを見るように、今も私の脳裏をかすめます。

火事のことで思い出すのが、昭和25年のことです。富山の私の自宅で、朝家を出る際に鍵をかけ忘れたことに気付かずに、夕方家に帰りました。その日は、たまたまいつもより早く帰宅したのです。すると、隣の家人から「先ほどお宅から男の人が出て行かれましたよ」と言われ、はてなと思い、家の玄関に入ったとたん、焦げ臭いにおいがするではありませんか。中に駆け込むや、そこにアイロンがくすぶっていて火事寸前というところでした。

私の思うに、泥棒は、取るものが見当たらず、せめてもの腹いせにそこにあるアイロンにスイッチを入れて帰ったものと思うのです。

いずれにしても、一足遅ければ火事となるところ、なんとありがたいことであろうかと、神仏ご先祖様のお陰様と感謝し、自分を戒めております。

商い人生

人にはそれぞれの永い人生があり「三つ子の魂百までも」と今も昔も変わることなく、お前は幸せだぞー、と我が心に幸せを押し付けながらよろこびに変えている今日この頃です。

私の人生をふと振り返ると、思うに昭和の20年前後の日本は、女性が着るものは着物という伝統が続いており、クーラーもない時代です。夏になるとアッパッパと名付けた涼しくて簡単に着られる服を身につけていました。振り向くと、せめて顔が違うからよいものの、皆同じ格好で夏の暑さをしのいでいたものです。

そうした中で、とくに女性に光差すボディファンデーションを発案したのです。とは言っても、その言葉すらわかってもらえない当時のことです。戦後まもなくで物もなく、暮らしに余裕のない時代の只中でしたが、今より150年前にアメリカの一女性、ワーナーブラザースという人が2枚のハンカチからヒントを得たブラジャーを世界に広めたのです。戦後まもなくはブラジャーを身に着ける風習などなかったのですが、いまでは津々浦々(つつうらうら)まで飛ぶように広がっています。

そんな時代の流れの中で、私なりにボディファンデーションの原点を考えると、今年平成24年(昭和にすると87年)です。私は87歳で昭和の年号と同じ年です。覚えやすい生まれで母に感謝しています。また、大正14年3月3日に、奇(く)しくも「ひな」という名の母から私が生まれたのです。

ところが、富山には丑(うし)年生まれの人は家に置くのはよくない、という風習があります。外に向かって活躍の場を求めよということです。そこで、男子であれば外吉とか、女の子なら外美とかの名前を付けることも多かったのですが、私は外子という名をもらって、体は外に向かいました。やがて日本のボディファンデーション第1号として活躍の場を求めるべく運命の日が訪れたのです。

ある人の紹介で能登（のと）の機織（はたおり）工場に案内されました。立ち並ぶ織機（しょっき）を前に、伸縮する生地で女性の腹巻状のウエストニッパーをつくることを思い立ったのです。機織工場の社長さんの説明によると、今日まで小幅の綿布（めんぷ）を手掛けていたが、日本もこれから着物から洋服へと変わっていくだろう。その変わりゆく時代の先手を打つのが、あなたの発案している補正下着だ。いわゆる下着に伸縮素材を使っていくという発想は、メーカーの立場となって値段の設定も好きなようにできますよ、と聞かされました。

最初に織ってもらったのは、白地のずっしりと重みのある地柄というか、ダイヤカット、杉綾とか、浮き柄・沈み柄というのですが、美しい伸びのよい生地でした。

パターン作りも分からぬ私が、頭の中がインスピレーション（霊感）であふれて、我を忘れて、女性のプロポーションのためのパターンメイクに打ち込みました。

無我夢中で取り組んでいる時に、自分に向かって「この道より道はなし」という声を聞いたような気がして、我が道はこれだと決意をするに至ったのでした。

それからというもの、私はメジャー一本と、試着用サンプルや算盤（そろばん）などを風呂敷に背負って、和裁学校などに伺って説明し、一人ひとりのお腹回りをメジャーで計り、美と健康にと納得して買っていただきました。

その中で、欠点や問題が生じた場合は改良していき、さらにいいものに仕上げていき、その都度、付属品により機能アップを図りました。たとえば、クジラの骨でくびれを作る形状にしたりと……。

そうして腹巻状のウエストニッパーから、その名も「パンティガードル」という製品を作りあげました。何しろ、伸縮素材はハードなので、身体にピタッとフィットしなければ製品になりません。ですから、パターンメイクに拍車がかかりました。

クロッチメッシュガードル

今までと違って、股布（まちぬの）を付けてあるので、今度は歩くと蒸（む）れると言われ「それは困りましたね」と言って、さらに「股布（まちぬの）にチョット穴を開けて履いたらどうです」と言うと、お客さんは大笑いしましたが、その時に閃（ひらめ）きました。

「そうだ、メッシュにしよう！」

そうして、「クロッチメッシュガードル」を開発したのです。すなわち股布をメッシュにしたことで通気がよくなり、製品化できました。

メッシュは編み方によって食い込むものと広がるものとの違いが生じますので、研究しながら、亀甲（きっこう）状の生地を編立（あみた）ててもらったのです。業界中の全てが股をメッシュにするようになり、このアイデアは一世を風靡（ふうび）しました。

東京の日赤病院の総婦長から通気性がよく衛生上にも非常によいと褒められ、大変好評を得て、たくさん売れるようになりました。

ある日、お店に買物に行ったところ、店に立つ娘さんが「お母さんのガードルをこの方から買ったんよ」と言い、クロッチメッシュなので、とてもありがたく思いました。

また、ある人から「ボディスーツもクロッチメッシュであればねー」と言われたことで、ボディスーツにも付けてみようと作ってみたところ、これも皆さんに大変喜ばれました。

巷の人の声のお陰で、この道の限りなき奥深さを知ることができました。

滑り止め

当時のガードルやボディシェーパーには、まくり上がるという欠点がありました。

着色シリコーンでユニフォームなどに、たとえば「ジャイアンツ」などとプリントする加工屋さんと別のことで交流していたのですが、ある日そのことを尋ねてみたのです。すると、その着色シリコーンは滑らないということなので、これを使った滑り止め機能をつけることが思い浮かんだのです。早速、取組んで「ノンスリップ」という英字体の文字をシリコーンプリントし、カットしたものをガードルやボディシェーパーに貼り付けたところ、まくり上がらないということで好評です。少量加工で採算ロットになりにくく価格が高くなるのと、滑り止めだから滑らなくて、裁断も縫製も手こずったため、結局自然消滅してしまいましたが、かなり売り捌(さば)いたのも事実でした。

時間と信用

この世界に時計がなければ、道路に白線が引かれてないのと同じで、大変なことになりかねません。

昔から多くの賢者が人間の生きる上に必要な物を発明しながら今日に至ったと思いますが、そうした中で、「約束は損しても守れ」というように、定刻何時にという約束の時間さえ平気で破る、ルーズな人もいます。

一事が万事というように、一つの不信は、その人のすべてを信用できなくさせるものです。また「人の振り見て我が振り直せ」のことわざの如く、気を付けねばと思ったことは、昭和38年に長崎のある服飾学院に伺ったときのことでした。

定時より5分遅れてしまいました。皆さん一か所に集まって5分間待っていらっしゃったのです。あの時皆さんにとって貴重な5分間を無駄にしたのです。このへまは、今も忘れません。

本当に時計とはありがたいものですが、その中で、時間とはいかに恐ろしくて大切なものか、そのことが私にとってはよい勉強になり、心して行かねばと思う日々です。

バックスタイルは見えない

私は仕事上、外を歩いていると、つい女性の姿に目を向けてしまいます。かつては洋服などはメーカーが来年の流行の先取りとして、色・柄・デザインなどを打ち出し、それが一斉に店頭に並び、若い女性は我先にと身につけてオシャレを楽しみます。ところが現代ではそれぞれの豊かな個性で自分の好みを活かすようになり、流行で同じものが一斉に売れることが少なくなりました。

しかしながら、洋服がブランドでも、着用している人が品格がなく、身だしなみがお粗末では、アンバランスでよくありません。

人間の三つの宿業とは何か。

一つは、自分の目にゴミが入っても見ることができないこと。

二つは、座布団を座りながら引き抜くことが不可能なこと。

三つは、歩いている自分のバックスタイルを見ることができないこと。

ある会社帰りのご主人が「あーぁ疲れた」と言いながら家に入り、奥様が背中に回り洋服を脱がせたところ、真っ白なワイシャツに口紅がついていたといいます。その後どうなったか知りませんが……。後ろ姿は見えないのです。

女性は一日に何回も鏡を見ます。人が見てハッとするような美人でも、ご自分は毎日見馴れているので〝私はマアマアだわ〟と思わなければ生きていかれないものだ、と面白いことを言った人がいます。

さて、気になるバックスタイルですが、皆がそうとは言えませんが、胴長短足の人が多く、下着の付け方次第でずいぶん違ってくることは間違いありません。

昔から私はともすれば、一日100人という採寸取りをして参りましたが、多くの体形を見せて頂いておりますと、下着ファンデーションを付けていない人は、体に張りがないというか、人間細い、太いは関係ありません。やはり、美と健康のために体型のバランスを取っておかなければなりません。

また常に安物を買っている人は、高級品を見ると高いと思われる。また高級品を買っている人は、安物を見ると安いと思われます。しかし、何点か身に付けて見ることで分かってくるものです。

子故に迷う親心

私は、昭和30年代私の考案した当時の品々を東京服装学院本校に目を通して頂き、全国を回る許可を得て、メジャー片手に採寸測りの明け暮れが続いたのです。

そうした中で「三日の闇に迷わねど、子故に迷う親心」と言いますように、家庭のことはお手伝いさん達に任せての出張中、一日の仕事が終わり宿に帰ると、家に残してきた子供がふびんで、思い出しては涙しました。

そんなある日、店頭に立つ小僧さんに「今年中学を卒業して東京に来て、この店の二階に泊まり働いている」と聞いた私は、この子にも母という人がいると思う、もう悲しむことはやめようと自分に言い聞かせて、そして歳月の流れの中で、親子が歯を食いしばって生きてきました。

おかげで息子たちも人生半ばとなり、過ぎし日の思い出に、息子が朝礼のあと「ものづくりする我々が感動するような立派な製品を作らねば着る人が感動して下さるはずがない」という納得の説明をするのを聞いて、「背たろうた子に教えられる」という年になった。私は胸の詰まる思いでした。

歳を忘れて人によろこばれる人となり

60歳を過ぎて私も年だと思うことがしばしばとなってきました。そんな折りに、ある70歳をすぎた人と知り合いました。その方は「日本はますます高齢社会に入り、若い人が身につけて大変良いと思ったものは、必ず、年配の人によろこばれる。私達はそのような下着を待っている。だから、これからますます必要とされるものづくりを頑張ってください」と、話されたのでした。

この話を聞いて、私は相手の人の仕事は何かと聞きましたところ、不動産業にたずさわる人々の教育の仕事をしているとのこと。相手には海千山千（うみせんやません）の男もいて大変なんですよ、と言われるのです。なるほど、職種が違っても商いの道に変わりはない。久し振りでよい話を聞かせていただいたものだと感動しました。

平成19年3月のこと、テレビに何気なく眼をやっていると、現在30過ぎの女性の4人に1人は頻尿で人知れず悩んでいるという話。その時には、すでに自分が発案したものですが、名称はサニーショーツ。〝アラッと思ったときの不安解消〟にと銘打った尿漏れ対策のショーツは、普通のショーツとなんら変わらぬ快適なものです。

いつだったか、その話を小篠（こしの）先生にしたところ、先生は「荷物の中にサニーショーツも入れてね、皆さん持っている、ある奥さんはそれが恥ずかしくて中々口に出せない、え～と、え～と、そうそう、もしかしたらパンツ？　まだ入れてないわ」と申されたと、大笑いしたものです。

また、大阪で永年お世話になっているお医者さんに「先生、頭のよくなる薬はないでしょうか？」と笑いながら言うと「そんなものあったら、わしが呑みたいわ」。いつもながらユーモアな老先生です。

年寄りは使い古したタイヤのようなもので、新しくするには補修が必要です。薬はその補修剤で、年とともにAという糸巻きがBという糸巻きに戻って行くことは避けられないのです。定年を過ぎて、ほっとして体を使わなくなると、だんだん物忘れが多くなると言いますが、でも物忘れと惚（ぼ）けとは関係ないそうです。

頭を常によい方へ向かって使い続けることで惚（ぼ）け封じになるといいます。いずれにしても頭も体も元気であれば申し分ないですけれど、私と先生には長年使い続けたために生じた職業病のようなものがあります。先生はミシンをあんまり激しく踏んだので今になって足の骨がグギャグギャになり、正座ができなくなって恥ばっかりかいていると言われました。

私の場合は、ボディファンデーションといいましても昔の素材はとても重みがあって、見本を入れたカバンを右肩にベルトして、左臀部（さでんぶ）でカバンを受けて歩いていました。腰が必然的に曲がろうとするのを、何のこれしきと頑張って、今になってやはりもう少し加減をすればよかったのにと恥をかいております。

人は皆若いうちは無我夢中でしょうが、自分の身体のことは自分が一番よく知っているはずです。何事もほどほどに、これは大切なことと思うのです。

また、どんな辛いことでも過ぎてしまえば過去のことです。年齢を忘れて、人によろこばれる人となり、私の商い人生に向かいたいと思っております。

話し方教室追伸

追伸

学歴もない私に試練の時がやってきました。

会社では時折り私の挨拶などが必要となり、公の場で話をすることが多くなりました。そうすると、私の恥は会社の恥でもある事に気がつき、60歳になって話し方教室で指導を受けることにしたのですが、数年間の受講の結果ようやく講師の資格を得ました。

したがって私の自問自答です。〝お前は社会大学を卒業しているんだよ〟と思うことで、コンプレックスを逆手に取り、80歳ではまだヒヨコの身と思い、これからにわとりになって羽ばたき、人によろこばれる人となれる人生を送りたいものと思っております。

生産センター落成式での挨拶（平成5年8月）

皆さまには、ご多忙の中に遠路お越しいただき、当工場の祝賀にご臨席賜りまして重ね重ね誠にありがとうございます。厚く御礼申し上げます。

株式会社ランブールは、女性下着いわゆるボディファンデーションメーカーとして、お陰様にて多忙な毎日でございます。昭和22年ごろ、日本では着物が普通という長い伝統の中で、新たな光さすボディファンデーションに第一歩を踏み出したと謳われました。その当時がボディファンデーションの幕開けでございます。

この頃は、車はなく足で歩くという人がほとんどで、正座が当たり前という生活でした。日本女性特有の短足や垂れっ尻の人達をすっきりサポートするという、めずらしい伸縮素材と取り組みまして、ささやかな縫製から始めたのでございます。しかしながら、何分にも下着歴史の浅い終戦当時のことですから、コルセットの紐を持って「これ手提げかばんか？」と尋ねる人がいたり、「体をフィットすることで頭が大きくならないだろうか？」と言われたり、本当にワヤワヤした一時期がありました。

そんな時代を過ぎて、日本は高度成長期に入り、不況や貿易摩擦などを通過してきました。その時代の流れを長年この目で見つめてきましたが、会社内では歳月の流れの中で、設立当初からの伝統を受け次いで、スタッフ一同、さらに学術的でより素晴らしい本物志向のボディファンデーションを目指して頑張っています。

今振り返って見ますと、我が子の成長とまわりの人々の温かい援助に包まれて、お陰様で私の人生は生き甲斐に満ちて、今日の生産センター落成の運びとなりました。

今日は皆さんとともに駆けつけてくださいました、コシノアヤコ先生。先生は世界のファッションデザイナーのコシノヒロコ、ジュンコ、ミチコさんの三姉妹のお母さんです。今年80歳を迎えられまして、先頃東京の全日空ホテルにて多くの芸能人や多数の方々に祝福され、華やかなお誕生パーティーを開かれましたが、その情景はテレビで放映されました。小篠先生のバイタリティ溢れるお姿を拝見するにつけて、私もこれからだと、心が揺さぶられるのを感ずるのでございます。

お誕生パーティーでの先生の第一声は、「この商売は儲かりまんのやなー」でした。参加された皆さんが大笑いされたものです。

さすがテレビに出演されても、台本よりアドリブやユーモアが好きな人でした。14年後の今もなお当時を回想して懐かしさと慕わしさを抱いています。

(平成5年8月23日の鴨島外子宛ての手紙がある。)

故・小篠綾子先生との出会い

平成18年3月26日午前3時15分。小篠綾子先生が脳梗塞のために生涯を閉じました。92歳でした。私、外子80歳のことでした。

小篠綾子先生（以下先生と呼ばせていただきます）はコシノヒロコ、ジュンコ、ミチコさんの母です。三姉妹を同じ道に育てた小篠綾子先生。4人それぞれにブランドを持っている、いわばギネスブックの人とでも言うべき親子です。

平成18年3月26日午前3時15分。今は先生のお姿や言葉を想い起こしながら時を過ごしています。

先生との出会いは、私が大阪市民話し方コンクールに出場したときのことでした。たしか昭和30年ころだったと記憶していますが、「私はこう生きたい」というテーマでの話を終えて、席に戻ったとき、知人の紹介で小篠先生と出会うご縁がありました。

時間がなく、先生はすぐに席を外されましたが、寸時ではあったものの話が弾み、今後は家族ぐるみのおつきあいをと、大層よろこばれたのでした。その理由は、話の中で先生は私の年齢を聞き、2人とも同じ丑年だととっさに気付かれたからでした。先生は私より一回り上の丑年生まれで、長女のヒロコさんは私より一回り下の丑年生まれ。真ん中が抜けていたのですが、「あなたを入れると丑三頭揃ったことになるね。とっても大変縁起がいいわ！」という偶然が結び付けてくれたご縁でした。

ジュンコさんとは、当社ランブールのファンデーション関係のお付き合いがあり、商用をかねて先生と2人でジュンコさんの豪邸に遊びに伺ったのは、楽しかった思い出の一つです。

またある時、先生が生前にこよなく愛された、岸

母の自宅にてコシノジュンコさんたちと

和田ダンジリの各町内のまとめ役の方とか、東京から出向いた人々などを合流して、大勢で鳥取県のハワイ温泉に行くことになりました。宴会もたけなわとなり、舞台の上では我こそと皆さんの芸の見せどころです。私ども三頭の丑は、ホテルの仲居さんに赤い布を用意してもらい、赤布をまとった丑三頭の余興で大盛り上がりです。話して初めてわかる面白さ、皆さんの大きな拍手と笑い声が思い出の一つとなりました。

コシノジュンコのパリコレ……花の都パリへ

平成3年には、花の都パリでジュンコさんのショーが開催されました。その中に当社の作品が出展され、多くのイベントとともに素晴らしい観覧のひととき、感動の思いを残して皆さんや先生と別れました。何分にも私一人が初めてのパリです。同行した息子夫婦は慣れたもので、私をルーブル美術館

創立10周年　母と著者

やオルセー美術館などに案内してくれました。お陰でファッションの最先端をゆくパリ、芸術の都パリの思い出が、今もなお私の心に残っております。

駕籠（かご）に乗る人乗せる人

昨年秋より始まった朝のドラマ「カーネーション」。

主役コシノアヤコ先生の三姉妹、ヒロコ、ジュンコ、ミチコさんと、ヒロコお嬢さんの2人という6人で、富山の工場見学をされました。その後私の自宅にて写真を撮影されましたのが、それはもう15年も前のことです。

私もアヤコ先生も当時はシャキンとしていました。

しかし、今はなつかしい思い出のみとなり、アヤコさんと数々の話のやり取りの中に、私がシンドイと申しますと、年行って人に言うたら負けよ、シン

母と妻　パリにて

ドイ時は、黙って医者に行こうねという言葉だよ、この一言が私の生涯の支えとなりました。

また、いかに万物の霊長たる人間と言えども一人で生きていくことはできず、あらゆる人の協力によって生かされております。

今日会社内では若い社員達が、学術的な要素にパターン作りなど、様々なことをしていますが、その素晴らしい発想には目を見張るものがあります。

昔の短歌と言いますか、素晴らしいと思いました。「箱根山　駕籠（かご）に乗る人乗せる人　其また草鞋（わらじ）を作る人」とありますように、これが社会のバランスだと思うのです。

なんとか人は皆それぞれに与えられた天性を生かし、人によろこばれる人となって、皆さんが送られるこれからの人生の中に、私もお陰を頂き幸せな日々を感謝する。

そのような心境の今日この頃であります。

ランブールにて母、妻、スタッフと小篠綾子さんコシノジュンコさん

第2章　ランブールの誕生

建築学そして冷蔵技術を〝修業〟

ここで、私がランブールに入社するまでに何をしていたか、あるいはどのような幼少期、青年期を過ごしたかを、少し紹介したい。

私は昭和21年9月28日、富山県小矢部市石動町で一卵性双生児の弟として生まれた。父は土木技師として活躍していたが、私が小学3年生のときに病気で急逝した。30歳の若さだった。父が使っていた工具類が残っているが、これが形見となった。父は工具を入れる木箱だけでなく、ものさしやナイフなども自分でつくり、自分の名前を刻むほど手先が器用だった。

父の姿を見ながら、幼い頃から無意識に「土建関係の仕事は男らしい」と思っていたのだろう。

私のやりたかったこと

私は次男坊で、母の後を継ぐ気はさらさらなかった。

左が著者1歳の頃

高校の時には進路を工業系に定め、福井工業大学機械科を受験、進学することになった。そうなったのには、叔父の影響があった。

日本の建築は外観は立派だが、いわゆるセントラルヒーティングからキッチン家事のユーテリティなど中身はおそまつで最低である。快適に住まいできる機能を全く無視したただの箱ものである。アメリカでは既にセントラルヒーティングという言葉があり、それは建築設備であることを知った。建築より機械や電気を学ばなければならないということで、機械科を選んだ。「建築設備は将来性がある」と母の弟の叔父が言っていたからである。

建築設備について理解するには、冷凍理論を学ぶことが必須である。冷凍理論は機械の分野であった。大学に入ったのはいいのだが、そこで学ぶことは自分の期待したこととはほど遠く、2年で中退することにした。そして、30歳過ぎまでのおよそ8年間で、様々な会社で修業し、多くの体験をした。

冷暖房の根本が学べる会社が金沢にあり、まず、北陸冷凍空調設備株式会社に入社した。昭和42年の頃だった。

そこでは、金沢市中央卸売市場の大型冷凍倉庫や片山津温泉の高層ホテルの設備工事などに携わった。

東大出のゼネコン大手の建築設計士の監督でさえ、冷凍理論が分かっていなかった。

冷凍機取扱責任者の資格も取る。

やはり、建築設備の仕事には魅力があった。

そこには4年ほど勤務したが、なんと会社は倒産。次に、富山県高岡市の会社に移った。建築設備設計会社だった。ほとんどの仕事が、下請を使っての監督業であった。夜は深夜まで図面引きに追われた。

その頃に、結婚前の妻と付き合っていた。夕食をとらず仕事をしている私に、彼女が寿司を差し入れてくれたことを思い出す。

残業をしていると、社長が接待で午前様になって会社へ入ってきた。明かりがついていたから入ってきたという。「鴨島、今何時だと思っているのや、帰れ」と言うが、図面が中途半端なので帰れないのである。

そこも、2年ほどで倒産した。体調が悪いのに、注射を打ちながら接待している社長はかわいそうであった。

この会社の先輩技術者は、同業他社の設計を会社で受けず、個人で請け負っていた。本来は会社でやるべき仕事である。自分の研究所の名刺を差し出すなどして、二足の草鞋(わらじ)をはいていたのである。

最後に、石川県河北郡七塚町にある村谷ポンプ管工という個人会社に3年間勤める約束をした。以前その会社を下請に使っていた時に、私が働き者であると知ってスカウトされたのである。そこの親父はユニークな有名親父で、素掘りで井戸掘りをやっている珍しい会社だった。

親父は私の技術を当てにして、ダイワハウス級の大手の仕事を取ってくる。やることといえば、志賀町や七塚町の水道本管工事である。私は、東京水道局の本を読み漁り、自己流で下請を使って監督をした。雑木林に道を付けて、導水管や送水管や配水管を敷設したのである。測量もした。ダイワハウスが志賀町にゴルフ場を作り、リゾート開発をし、温泉付き分譲地を売り出したときの工事も請け負った。

もとは「村谷ポンプ」だったが、「村谷ポンプ管工」と「管工」をつけ会社に箔をつけた。名古屋の支店に契約に行った帰り、温泉で一泊した。その当時は金回りがよかった。鑿泉（さくせん）の機械を中古で入れたので、その職人とも一緒に仕事した。会社はたちまち大きくなり、ブルドーザーなどの建設機械も買った。私は会社を立ち上げて社長をやってくれと言われたがやらなかった。

昭和50年5月に2級管工事施工管理技士の資格を取った。昭和52年2月には2級土木施工管理技士の資格も取った。二つとも建設省（現国土交通省）の建設大臣の認可する資格である。３年実技を経験すれば1級の受験資格を得られる。

当時、管工事と土木の両方の資格を持っている者は県下にほとんどいなかった。独立して技術で勝負しようと思って、昭和52年10月18日に資本金３５０万円で（株）ランダックを設立した。当時は自宅の倉庫に管工事用の工具を揃え、トラックも買っていた。

以下で詳しく述べるが、その2年ほど前に、私は母から頼まれて、ランブールの設立に関わっていた。

当初は管工事とランブールの二股掛けて仕事をしていた。しかし、ランブールの社員さんがそれを嫌がるようになったので、配管の会社はきっぱり辞めることにした。専門書もすべて廃棄したのである。いま思えば、その決断は間違っていなかった。

二つの資格は地元の建設関係の会社に貸した。すると、その会社の業績はすごく伸びた。

ランブールの設立

第1章でも述べたが、母は若い頃より商売が好きで、昭和23年、ラテックスゴム入り織物でできた、ウエストとヒップを引き締め

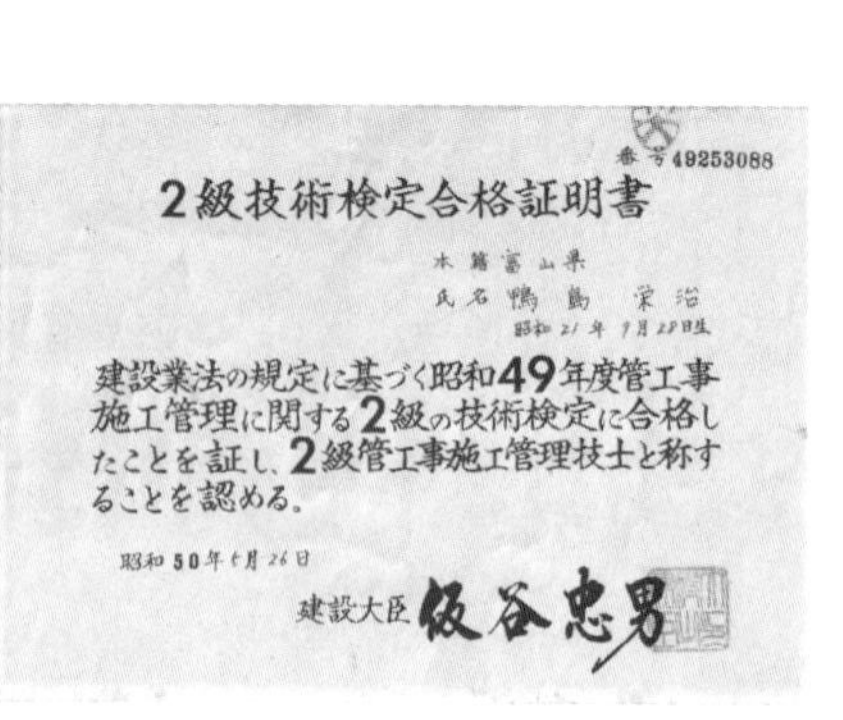

番号49253088

2級技術検定合格証明書

本籍 富山県
氏名 鴨島 栄治
昭和21年7月28日生

建設業法の規定に基づく昭和49年度管工事施工管理に関する2級の技術検定に合格したことを証し、2級管工事施工管理技士と称することを認める。

昭和50年6月26日

建設大臣 仮谷忠男

2級技術検定合格証明書

本籍 富山県
氏名 鴨島 栄治

建設業法の規定に基づく昭和51年度土木施工管理に関する2級の技術検定に合格したことを証し、2級土木施工管理技士と称することを認める。

昭和52年2月21日

建設大臣 長谷川四郎

るための女性下着を考案し、女性下着の製造および販売を専門とする鴨島商会を小矢部市で個人創業した。私は子供の頃から、その母の背中を見て育った。

昭和50年に、母の前に突然、辻武二という男が現れた。そろそろ建築設備の分野で独立しようかと思い始めたときのことである。

事の経緯は、母の鴨島商会が富士レースという会社に下着の縫製の仕事を出していたことにさかのぼる。そこの商品は不良品が多く、どこでどのように縫っているのかを突きとめるため、当時の番頭であった城幸造が富士レースの担当者の後を付けていった。すると、中央町の辻武二の縫製工場へ入っていったのである。そこで番頭の城は辻と互いに話し合った。結果として、その夜、辻武二が母のもとに来たのであった。

辻武二は母に鴨島商会の縫製を直接引き受けさせてほしいと持ち掛けた。母は合意して、共同出資の会社を作ろうという話になった。当時、辻武二は自分の会社であるワールドベビーを倒産させていて信用がなく、代表者にはなれないということで、出合榮吉という人物を代表にしようと、彼に話して承諾を得た。

そして、母が辻を銀行に連れて行った。すると、その時の支店長が飛んで出てきて、辻の首根っこを掴（つか）んで、わめいたのである。母はその光景を見て驚いたが、すでに共同出資の会社の話が進んでいた。母はお人好しであったので断れなかったのである。私は母から頼まれて会社設立の話の中に入った。そして、出合一族、辻一族、鴨島一族の出資で株式会社ランブールを設立することになった。社名である「ランブール」は私が決め、代表者は出合榮吉がなり、昭和50年9月5日に設立の運びとなった。

母は販売に忙しいのと、経験がなく会社の経営に疎い人であったため、代表者にはならなかった。だが、母は、私を頼りにしていたのである。

私は、ランブールの株も持っていなかったし、自分の管工事の仕事があったので、直接経営に関わることはなく、監視だけであった。兄も出資しておらず、まったく無関心であった。

このようにして新会社は、辻武二の親族の中央町の建物を本店にした。縫製工場はすでにあったのである。辻はランブールの営業部長となった。

当時「鴨島商会」は、石動駅前にあった。そこは母や兄の住まいでもあった。兄はそこで鴨島商会の裁断をやっていた。兄はまた、パターンメイクもやっていた。兄のパターン理論は素晴らしかった。

ところが、辻武二は一癖も二癖もある人物で、ランブールは出足から雲行きが怪しくなってしまった。出合榮吉は肥料会社の社長であり、縫製は素人でまったくあてにならず、母は販売に忙しく、会社は辻のされるがままになってしまったのだった。

会社は連続赤字だったが、辻は2年目は最初の年よりグッと赤字を縮小したと自慢をする。しかし、どう考えても、ちっぽけな縫製工場で大きな赤字が出ること自体がおかしいと私は思った。どんな状態なのか知りたくて、会社を訪ねても入れてくれない。母はランブールの経営にまったく口をはさむことはなかった。社長の出合榮吉も困っていた。

私にしてみれば、何のためにランブールを設立したのかがわからない。私は、別の仕事をしていたけれども、鴨島商会で話を聞くだけで、辻のでたらめさがわかるのである。辻は、自分で二つの個人商店を操っていた。あろうことに、兄は、辻に毎月１００万円のマージンを渡していたのである。鴨島商会の下着を辻に売ってもらっていたから、というのがその理由であった。

ランダックの設立と合併

私は、ランブールを監視しながら、昭和52年10月18日に建築設備会社を資本金３５０万円で設立した。名実ともに私が社長だった。

私には、硬軟おりまぜた得意技があった。怪しまれず、しゃべり方も拒まれず、すぐ人と親しくなれる性格を持っていたため、辻は抵抗なく接してくれた。また特有の勘を持っていたので、会社が怪しくなっているのが分かったのである。ランブールはすでに辻に牛耳られている状態だった。

このままでは、ランブールが辻の思いのままに操られてしまうことは一目瞭然だった。だから、自分が一肌脱がなければならないと意を決したのである。

早稲田の政経学部を出ている辻は、県議会議員に立候補をして80票差で落選したが、一筋縄でいかない男である。弁護士がする法律のことも自分でやるほどの切れ者である。

ワールドベビー倒産時に、近郷近在でたくさんの人が騙(だま)されていた。だから、辻を排除しなければならないと考えた。

そこで、まず一計を案じた。私の建築設備会社ランダックとランブールを合併することである。資本参加することで、私がランブールの経営に乗り出せるのである。出合榮吉と母は大歓迎であった。そして、辻も承諾した。

合併は、昭和53年6月3日に行なった。その前の4月20日に入社し、副社長に就任した。合併後は取締役副社長となった。

辻に辞めてもらうため、彼の背任行為を追求した。辻武二はかなり私欲を肥やしたので、文句ひとつ言

経営理念を掲げる

水牧工場

わずに去っていった。その後の噂では、繊維商社を渡り歩き、人を騙(だま)し続けていると聞いた。副社長に就任はしたが、私はすぐに社長を受けなかった。出合榮吉にも少し喜んでもらうためであった。

私の設立したランダックは、資本金３５０万円、ランブールは資本金４００万円で、あわせて７５０万円の資本金になった。商号はランブールとした。そして、辻の拠点であった中央町の本店と工場を出合榮吉の建物に移した。

兄に働きかけて、鴨島商会の裁断工場も出合榮吉の建物に移した。出合榮吉の建物は水牧(みずまき)という名の土地にあった。

出合榮吉は次男坊である実(みのる)をランブールに入れてくれた。実(みのる)には裁断業務をやってもらった。

私は、この工場を水牧工場と呼び、この時代を水牧時代といった。ランブール本社工場と呼ばなかったのは、将来土地を買って、借り物の建物ではない、名実ともにそなわった本社工場を建てたかったからである。

第3章

水牧時代とランブールの躍進

水牧時代が始まる

ここから、水牧時代が始まった。私が副社長になり、実質的経営者として、会社経営に乗り出したのだ。

私は初めからメーカーを目指した。

縫製加工業は、単なる下請稼業であり、夢も希望もないので、やりたくなかった。兄も弟も私に協力してくれた。兄弟3人で、型紙切りから裁断に明け暮れることになった。裁断品は他の縫製工場にも投入しなければならなかったので、かなり忙しい毎日で、妻も息子の広将を負ぶって手伝いをしてくれた。

このようにランダックを犠牲にしてランブールを救ったのである。出合榮吉ははじめ「ランブールは手に付いたババ」といっていたが、これで母も出合榮吉も喜んでくれた。

そんな時、下着業界を代表するワコールに勤めていたが、長男ということで結婚するために郷里にUターンしていた男性がいた。幸いなことに、彼はランブールの人材募集のチラシ広告を見て会社を訪ねてきたのだった。面談してすぐに採用を決め、企画部門に入ってもらった。その男は、こんな小矢部の片田舎にボディファンデーションのメーカーがあって、しかもパターンメイクもしていることに驚いた。その男は兄にパターンメイクを教わった。センスもある人物であった。昭和56年8月のことである。

３年後に、その男性が、工芸高校デザイン科の後輩で、ワコールに一緒に務めていた女性を連れてきた。その子も長女だったので、郷里に戻って来たのである。ワコールではランジェリーの企画やパターンをやっていたのか、辞めた後、自分でショーツを作って販売していた。ものすごく優れた感性のある女性で、才女であった。彼女がランブールの企画パターンを受け継いだ。その女性は今でもランブールの商品企画開発部の統括部長として指導にあたっている。名前は橘秀子。業界では一人者である。彼女の存在のお陰で、ランブールは兄に頼らずに一本立ちできたのである。

合併そしてランブールの発展

私の作ったランダックの由来は、ｌａｎｄ（ランド）＝島、ｄｕｃｋ（だっく）＝鴨、で島鴨、すなわち鴨島である。ブリヂストンも、ｂｒｉｄｇｅ（ブリジ）

パターンメイクをする水牧時代の橘秀子

＝橋、ｓｔｏｎｅ（ストン）＝石、で橋石、創業者の名の石橋を逆さにして社名にしている。

このようにランダックには思い入れがあったが、あえてランブールを取った。

ｒａｎ（ラン）＝女神、ｂｕｈｌ（ブール）＝飾る、という意味があり、私の学生時代使っていた辞書に載っていた。

ファッションにふさわしい爽やかなゴロであり、気に入っている。

昭和53年4月20日に、私はランブールに正式に入社した。そして、すかさず6月3日に合併することにしたのだ。社名はランダックよりランブールのほうが下着メーカーとしてのイメージにふさわしいと思い、ランブールとした。ランブールの資本金４００万円とランダックの資本金３５０万円をあわせ資本金７５０万円とした。

私は当初、建築設備の仕事を辞めることはせず、二股を掛けたが、あまりにも多忙になり、あちこちをスーパーマンのように駆け回ることになった。

まず、本店を辻の中央町から、水牧に移転する。ミシンも引き上げて、出合榮吉の作業小屋の1階を借りて縫製工場にした。2階は裁断工場にした。裁断から縫製までのランブール水牧工場となった。

社員の中には、辻の中央町に残る者もいたが、私について水牧に来てくれた人たちもいた。いい人たちであった。その中には竹田真弓さんもいた。彼女は後々経理やデリバリー業務を一手に引き受け、私の片腕としてなくてはならない存在となった。後日になってのことであるが、彼女は現在の社長夫人の母親である。

私は、鴨島商会の母の販売基盤に頼ることなく、得意先開拓で飛び回った。と同時に、キャパ不足を補うために外注工場の開拓でも飛び回っていたのである。

辻は、株式を放棄したまま消えた。辻一族の株は兄に渡した。辻が会社に関わりを持つことはなくなったので、辻の残務整理をした。すると、繊維問屋の柴峯(しばみね)から、反物(たんもの)などの資材を仕入れて、自分のものにしたまま姿をくらましていたことがわかった。ランブールにその請求書がきたのである。私は柴峯へ出向き「払えない」と抗議したが、辻がランブールに在籍していた時の仕入れなので、やむなく支払うことになった。その額１５００万円以上。月々80万円ずつ支払った。その他にも、辻が町のあっちこっちで反物や副資材を隠していることを町の人たちが教えてくれた。

たとえば、倶利迦羅(くりから)という場所で裁断をしていたが、これはおそらく辻の親戚の家であり、たくさんの反物を

水牧時代のランブール野球部

隠し持っていた。私はそこを訪ねたが、玄関先で門前払いを食らった。

また、ある人から「辻から頼まれて付属品を隠し持っている」という連絡があった。彼女は付属品をすべて出してくれた。その人は、5、6人を集めて、その後長く肩紐づくりなどの内職をやってくれた。信頼のおける人で大変助かった。

やがて辻の残した債務などの整理の目処が立ち、やっと振り回されることなく、正常な事業として舵を切ることができたのである。

私の営業も軌道に乗り、協力工場もそこそこできて、業績も上がった。


あるとき、柴峯と、もう一つ京都の問屋が倒産して、4500万円の負債が発生した。債権者集会に、社長の出合榮吉を連れて行ったが、体調を崩して途中下車してしまった。私の叔父も来てくれた。

筆頭債権者は私であったが、債権者の中にはやくざも入っていた。

柴峯の社長は1週間後に亡くなった。疲労困憊が原因であった。

だが商売では、相手が倒産することは経常的なことであり、騙されたわけでもなく、自己責任である。これを最後にして、自分の営業では倒されたことがない。銀行も私の経営を青信号と評価してくれた。

柴峯は倒産後もビルを残して、社長の息子が後を継いだ。兄ではなく弟が後を継いだのである。彼は私と同い年で、同志社大学を出ていて、商才があった。社名もシバミネとした。大阪の松屋町の通りにあり、商社などが出入りし、情報が集まった。

私は、その社長と一緒に、倒産前の取引先である資材屋やレース屋などを回って、取引をお願いした。そこの会社は「おカネさえ持って来れば取引しますよ」と厳しかった。あちこち一緒に回っているうちに、その社長と信頼関係が生まれ、その後長い付き合いをした。ランブールの下着も扱ってくれた。私は手堅く営業をしていき、瞬く間に信頼を掴み、業績も伸ばした。

あえて高級品をつくりつづける

昭和57年12月、私は代表取締役社長に就任する。当時、会社の従業員数は約50名、年商は5億円ほどであった。しかし、社長就任後に精力的に事業を拡大・発展させていき、売上も大きく伸展していく。当然ながら生産拠点も拡大させた。

昭和58年11月に石動工場、60年9月に津幡工場（石川県津幡町）を開設した。さらに61年8月には現在地に本社工場を含む本社社屋を竣工。62年7月に七尾工場（石川県七尾市）、平成3年9月に松任工場（石川県松任市）、4年5月鹿島工場（石川県鹿島町）を開設。そして、5年8月には現在地に本社工場（生産センター）を新築竣工させて、自社生産比率を高めた。

そして、大量生産大量販売のスーパーマーケットなど量販店を相手にしないという方針を立て、あえて高級品をつくりつづけた。

自社工場も育ち、幸い高級品をつくることができたのである。

下請をやらず、メーカーを貫くことで、価格は自分たちで決めることができた。肝心なのは、売れるものをつくったということである。どのような製品をつくったかは後述するが、飛ぶように売れた。

Aの裏切り

ところが、一難去ってまた一難である。もう一人会社を裏切った人物がいたのだ。彼(A)の方がやり手だったが、それだけに悪質だった。Aはランブールのお得意さんでも何でもなかった。どうも最初からランブールをねらって母のところに近寄って来たようだ。

当時、Aはトリンプという下着メーカーの工場にいた。トリンプはワコールと同じく世界でも有数の下着メーカーだが、価格はけっこう安い商品を販売している。

トリンプの生産本部がたまたま滋賀県にあって、工場を小矢部市の隣の町につくった。Aはなかなかの切れ者だったのだろう、70人ほどの工場の工場長になった。しかし、彼は近い将来独立しようと思っていて、工場長はその通過点にすぎなかった。独立するときにはその工場のスタッフを連れ、技術を持って出ようと企(たくら)んでいたようだ。

そのころ、ランブールも巷ではそこそこ有名になっていたので、Ａは母から紹介されたと言ってあいさつに来た。そこで母に「俺は騙さない」と何十回と繰り返し言ったらしい。母は「騙さない人からそんな言葉が出るわけない」と言っていた。しかし、私はそこまでだとは思わず、逆にＡの持っている力を活かせばいいのではないかと考えて、専務にしたのだった。

その前には、Ａとは別に、工芸高校卒業後京都のワコールの社員をしていた人物が入社して、企画パターンの仕事をしていた。当時ワコールは工芸高校など専門学校を卒業した人を多く採用していた。その人は、結婚するためにワコールを退職し、京都から小矢部に帰ってきて、ランブールに勤めることになった。片田舎の規模の小さいランブールにワコールとトリンプの人物が入社したことで、私はちょっと調子に乗っていたと思う。

Ａはランブールの専務になってすぐに「スタッフがこの工場にふさわしいかどうかテストしたい。ふさわしくないダメな人物には辞めてもらわないと会社が発展しない」といった。実のところ、Ａはランブールを潰すことが目的だったから、あらゆる手を使って潰そうとした。そんなテストはする必要はないと言っても、本人が無理やりテストをして「ろくな人がおらん、全員首にしてくれ」と言った。テスト結果を見せてほしいというと、それは見せられないという。その結果やめたのが全員ではなかったのは不幸中の幸いであった。

そして突然、自宅を工場にして、奥さんにその工場を任せ、ランブールの下請を始めた。Aは自ら頻繁に工場に行っていた。「専務の工場の工賃を自分で決めるのはインサイダー取引になる」と私は真っ向から反対したが、専務と下請の二足の草鞋(わらじ)を履いているAは、毎月高額の加工賃をランブールから取る。

当初はボロボロの車に乗っていたのに、ピカピカの新車に乗り換えている。なかなか賢いところがあって、たとえば、帳面は付けずに、通帳を複数持っていた。脱税するためである。この通帳は給料支払の通帳、この通帳は糸などの仕入支払の通帳、この通帳は経費支払の通帳、などというふうにして。

Aがポツリと言うのは「出世するには下剋上(げこくじょう)しかない」とか「中学校しか出てないから人に騙されると思って脇っ腹がピリピリ痛い」などということ。そう言いながら人を騙していく。

やがてAは、一番大きいお得意さんを奪って本当に独立してしまった。その損害は大変なもので、あまりにひどい目に遭ってしまい、私は少し人間不信になった。

Aになぜそんなことができたかというと、ワコール出身の男の子Bは酒が好きだったので、AはBに頻繁に飲ませた。女性社員にも副業の商品を買ってやったり、食事に連れて行ったりして、いろいろな方法で手なずけてスパイにし、社内情報を盗み取っていたのだ。ランブールの下請の加工賃ですっかりおカネをつかんだ頃の話である。

ワコール出身のBとトリンプ出身のAは、ランブールのどの得意先を取ればよいかを相談していたのである。Aが来なくなってから、Bが一部始終を私に話してくれた。その話によると「どっちみちランブールは潰れる。ランブールの得意先を取って、独立するから一緒にやろう」ということであった。

Aとしては、Bの持っている企画パターン技術が欲しかったのである。Bの技術とは、すなわちランブールの企画パターン技術である。

Bは、良心の呵責（かしゃく）に苛（さいな）まれて、私に打ち明けたのであった。

しばらくして、Bはランブールを退職した。その後、彼は腎臓を患い人工透析をするようになり、やがて、可哀そうなことに亡くなってしまった。葬式に行ったが、Aの姿は見られなかった。

BはAの所業を見て怖くなり、ついていけなかったのである。

Aはランブールにいた間、私が築き上げた生産技術や生産方式を盗むのに真剣で、いろんなものをコピーしていったのだが、私にとって悲しい末路となった。

当時たしか、Aは42歳の厄年（やくどし）であった。厄除（やくよ）けをしなければということで、琵琶湖の立木観音様（安養寺）にお参りした。そこは弘法大師開山の厄除け観音様として信仰されていて、怖いくらいの激流の洗堰（あらいぜき）を見下ろす横を通り、８００段の階段を登ったところにある。

またAは、28箇条ものランブールの秘密を暴くといって、出合榮吉が入院している病院に行き、脅すのであった。しかし、出合榮吉は60年5月10日に亡くなった。

以前には「社長（私）と専務（A）が力をあわせて経営すればよい」と言っていたが、デタラメであった。

Aの事件の終焉とともに水牧時代には終わりを告げた。Aは今でも事業をやっているので、かなり抑えて書いた。だからこれ以上は言えない。

騙すより騙される方がいい

いろんな人間がいるから、生きていくのは大変だとは思うが、私の結論は簡単だ。「人を騙してまで生きていく価値はない」ということである。

やっぱり世の中には人を騙そうという人もいれば、一方で、人に騙されても騙すよりはましだと思う人もいる。騙される方が信用がある。

私は付き合う人の言葉を信じることにしている。信じないと付き合いはできないものだ。そういう人間だから、また別の騙され方もしたことがあるけれども、その責任を人のせいにするのは見苦しい、責任は自分が取るという信念がある。

Aに乗っ取られた会社の常務が、取引を継続してくれと何度も来たが、ランブールの敷居を跨(また)がせなかった。私はその常務に、「Aだけが悪いのではない。あなたの会社が手を差し伸べたのが原因である」「商売の一番大事なものを捨ててまでやりたくない」ときっぱりと断った。その時ランブールは50％の取引を失ったのである。しかし、生き残った。その意味ではランブールは強かった。

7年後、そこの販売会社の社長から私に会いたいという連絡があり、その年の4月に会うことにした。その社長は以前は一滴も飲めなかったのだが、コップ酒を飲んでいた。そこで私は尋ねた。すると「ストレスが溜まって……」という。そして「7月に上場するのや」ともいうのだ。

「鴨島さんの商品企画開発力がいるのや、やってくれないか」という。私は、多少食指(しょくし)が動きそうになったが、きっぱりと「できません」と断ると、「それが鴨島さんのいいところや」と言われた。

その販売会社Cは、鴨島商会の頃、私が営業開拓した会社である。その時私は、企画を売り込んだ。当時のベージュ一辺倒のなか、チェリーピンクという斬新なカラーを持ちかけた。生地もハードなものをすすめた。ブラジャーやボディスーツやガートルをセットで納めるというOEM供給の取引であった。その会社は業界初のセット販売で、信販を取り入れた。それが爆発的に売れたのだった。

私は、九州一円に商品説明をして回った。商品説明の内容がビデオで撮られ、引っ張りダコであったが、私は、前へは出ずに、あくまでも裏方であるという姿勢を貫いた。

だから、メーカーはCであり、ランブールはCの生産部隊であるというスタンスであった。せいぜい2社あわせてトータルメーカーであるにすぎないと言った。

Cは、代理店が裏切って、ランブールと直接取引するようになることを心配していた。しかし、私は、裏切りは死んでもやらないという男であったから、代理店との直接の取引は絶対にせず、母がボディファンデーションの先駆者であることも話さなかった。あくまでも黒子(くろご)に徹していた。

このことは、この本で初めて書けるのである。77歳の私が亡くなった母の話をしても、今となっては誰も真剣に聞いてくれない。しかし、正式に記録として残せば、心ある人は読んでくださることだろう。

その会社は、社長も亡くなって、社名は残っているけれど、まったくの別会社になっている。

経営の原点

私はがむしゃらに経営した。

メーカーの立場での経営をスタートさせたのだが、先生もなく教科書もなく、想像力をたくましくして、自分の基準で仕組みをつくった。いろいろな経営手法を編み出した。一番には営業開拓である。いわゆる得意先開拓だ。「企画営業」を確立して、営業活動を行なった。下着に対する相手の要望・思想を聞いて、私がデザイン図を描いて、会社へ持ち帰って、サンプルをつくらせた。商品企画開発部は黒子（くろご）にして表に出さず、秘密兵器にした。

できあがったサンプルを提案し、わずかの修正で取引ができた。しかし、そのＯＥＭを納品するまでには5か月、６か月を要した。大変な量のパターンメイクであり、縫製も難易度が高かったのである。

この大変さと難易度の高さを分かってもらわなければ、ということで、開拓先や得意先の社長しか相手にしなかった。これらのことを訴えると、相手の社長が感動感激し、販売組織に指令をかけたので、よく売れた。だから、私が価格を決めた。受注生産・完全引取・納品〆（しめ）後１か月以内支払やロットなどの条件を取り交わした。

生産が大変であった。資材の要尺などの基準を出し、原価計算書や加工仕様書、工程分析書、技術書のフォーマットなど、一連の生産マニュアルを作成した。

仕入先としては、東名・昭和繊維・モリト・ルシアン・栄レース・中越レース工業・タケダレース・ユタックス・富士レース・旭化成工業・蝶理・伊藤忠などと直接間接の取引があった。外注開拓も行なった。いわゆる協力工場をつくるのである。

資材調達や工場管理や商品企画開発などを社員に任せた。私は営業活動で東京・大阪はじめ、全国を駆けずり回った。

経営は、営業、生産、管理の3部門で成り立つ。管理とは総務・人事・経理である。帰ってくるとそれらの管理に取組んだ。就業規則も作成し、給与計算は独自のシステムをつくりあげた。退職金制度もつくった。経営の根幹にかかわるものは片っ端から構築した。手書きのノートが何冊かあるが、後にそれらをコンピュータ化した。担当社員が休んだり辞めたりすると、その業務が止まってしまうので、すべての業務で二人体制という手法を用いた。担当社員が一人の場合は私が加わって二人体制にした。とくに人事関係については、私ともう一人の担当社員の二人体制で、社会保険労務士も入れずに、２００人以上の給与・賞与・退職金や労務管理や人事異動などの組織改編をこなした。

これらの作業は、初期の頃のＮＥＣのＰＴＯＳ（ピートス）というＯＳ（基本ソフト）のＬＡＮシリーズ【ＬＡＮＰＬＡＮ（表計算）・ＬＡＮＦＩＬＥ（データ作成）・ＬＡＮＷＯＲＤ（文書作成）】で行なった。そのためにラップトップという初期のパソコンなど、次から次とパソコンを買った。昭和58年頃の話である。こうして猛烈にシステムをつくりあげた。

決算書のフォーマットもつくり銀行に対応した。今でもそれらのフォームを経理が受け継いでいる。

Ｗｉｎｄｏｗｓに変わってから、Ｗｉｎｄｏｗｓに乗り遅れた。変換が一部できなくて苦手意識を持ったままでいる。

それとは別に、生産システムのコンピュータを導入した。私が設計的な資料づくりをした。８インチのフロッピーを使って、月次更新操作などをするのが大変であった。当時はオフコンの走りであったため、オフコンも2～３台変えた。

徳川家康は、関ヶ原で天下を取ったあと、３年間は征夷大将軍にならず、江戸幕府を開かなかった。３年かかって秀忠と江戸幕府の仕組みをつくるためであった。

私も、当初は社長ではなかったが、ランブールの仕組みをつくるために奔走した。

同時に、居心地のよい社風づくりを目指した。家庭内暴力が起こるのも居心地が悪いからである。会社の職場も同じ。そして任せた社員を信頼するに尽きる。

当時はなんといってもカリスマ経営（一人経営）であった。後に集団経営にしたが、業績が下がるだけ下がった。得意先などとの約束が緩んだのも事実である。

顧問となった今も、私は人事の仕事をやっている。早く抜けなければと、後継に引き継いでもらっている。

これらのことは、77歳の今、曖昧（あいまい）な記憶をたどって執筆した。

第4章 新工場建設と工場見学

新工場は山の中に

１９８６年（昭和61年）８月に本社社屋と本社工場を建設した。私にとっては当然の目標であった。

当時、日本の土地価格は上昇していた。太閤（たいこう）秀吉の時代から土地は貴重であったが、いまや田んぼも買えないのである。

私は、会社の立地としては「直近の郊外」が最も適しているという考えだ。街と隣接していて、社員さんが買い物をするのにも便利な場所である。

街の中心は駅である。しかし、当時はまだバブル前だったが、すでに土地が高騰していて、駅周辺は売ってもらえなかった。そこで私は秀吉の家来で落語の元祖ともいわれている曽呂利（そろり）新左衛門の頓智（とんち）で切り抜けようと考えた。高速道路のインターは駅だと水平思考で考えたのだ。そこは山の中のインターだったが、「駅」であり町の中心に等しいと思い、決めた。

当時の日本経済は、昭和の右肩上がりの成長時代で、工場は海に面した臨海工業地帯に多く建設された。その頃から公害問題がやかましく言われるようになり、煙突からもうもうと煙を吐く工業地帯は、環境汚染の元凶として非難されはじめていた。

だから、空気のよいきれいな里山がよいということで、街の好きな私は自分自身を納得させた。

新工場の発想

新工場を建設するにあたっては、いろいろな発想があった。私は、もともと建築設備の勉強をしていたので、平面や立面までの設計を自ら行なった。

当時は工場の建物にはカネをかけないのが普通だった。多くは真四角のトタン葺きの平屋である。

しかし、鉄工所とは違いファッション業界なのだから、私はプロポーションも考え、外壁の色にもこだわった。もちろんトタンは使わない。

建物の中身に関しては、人が効率よく動ける動線に、メーカーの工場としての機能をすべて備えた。

2階には裁断工場と縫製工場、企画開発室をつくり、見晴らしのよい場所に食堂をつくり、さらに、お茶お花の稽古ができる作法室もつくった。

3階には卓球室をつくって、公式卓球台を2つ置いた。

1階には、検査仕上室と営業室をつくった。隣接したところに物流倉庫と出荷室があり、営業が商品のデリバリーと得意先を管理した。総務室はお客様を迎える入口に置いた。

また、生地に付いた油汚れを落とすため有機溶剤を使っていたが、その専用の部屋を設置し、機械の設計も私がして、人体に害の及ばないように環境に配慮した。

新工場のアピール

当時、水牧時代から取引していたジャパンコスモ（後のスワニー）が、万博跡地で研修会を行なうことがあった。その時に、鉄骨まで建築が進んだ工場の写真を持っていき、どういう経緯だったか記憶にないが、男ばかりの30人の幹部社員に配った。どこに出しても恥ずかしくない先進の、当時としては完璧な本社社屋並びに本社工場だという自負があったからだろう。

落成式は、物流倉庫に紅白の幕を張り巡らせて行なった。新工場の地区出身の市長が喜んでくれて、地元の振興会長はじめ総出で祝ってくれた。同級生や町の地域団体の名士などを招待した。町内では受付のテントを張り、獅子舞（ししまい）も舞ってくれた。市長は地元の女性に「ちょんがれ踊り」を披露（ひろう）させ、踊りながら餅を配った。

建築をした会社は石黒建設である。当時の社長は私より2つ上で、子供の頃よく卓球をやった仲だ。いつの間にやらいなくなったと思ったら、早稲田に行き、再会したときには社長になっていたのだった。石黒建設は上場している老舗である。

また、同級生は、祝賀会の余った料理を持っていき、街のあっちこっちの飲食店で祝杯をあげたという。

新社屋を建てたのが、39歳の時である。落成式は1か月後の9月28日の私の誕生日に行なった。この日に満40歳になった。

町の経営者をみると、儲けるとまず最初に自分の自宅を建てている。そして、社屋や工場はその後で建てるのであるが、逆ではないかと思う。

私は、厄年を避けなければと思い、自宅より先に新社屋を建てた。そして、後厄の厄年も過ぎた数年後に自宅を新築した。

工場見学の導入

言葉は悪いが、縫製業界は陰でこそこそと仕事をやっている感がある。

販売会社は知名度があっても、どこで作っているかを明かさないこともある。販売会社のスタッフもどこで作られているか分からないのである。そもそも販売会社自身が、自らが販売している商品の工場を見たことがないという話である。

繊維問屋（どんや）や編立屋（あみたてや）や資材問屋、そして、縫製の元締め屋の下請、さらに又請、孫請があり、たどり着こうにも着けないのだ。

だから、私は販売会社につくっているところを見せたいと思う。そして、いいものをつくる工場かどうか見極めてほしい。

そのためには工場見学が欠かせないのである。

工場見学用生産センターの建設

1993年（平成5年）8月に、見学通路を設けた見学用の工場を隣地に新築した。ここを生産センターとして、ランブールグループの生産拠点としたのだ。

これまでの本社社屋及び本社工場は、商品センターとして、ランブールの各工場と協力工場から上がってくる製品の受け入れを行なうことにした。また、検査仕上、物流出荷と営業部門を残し、ランブールグループの本部とした。隣どうしの建物だから、社員は行ったり来たりしている。

こうして、生産センターの工場見学は定着した。

生産センターには200人を収容できる多目的ホールがある。

得意先が工場見学をする際には、私が会社の伝統や歴史、こだわりのものづくりについて話をす

田中千代さん（右端）工場見学

る。商品や生産のプロセスの説明は企画開発の橘部長がする。多目的ホールでは得意先の販売研修をする。私は販売研修には参加しない。

海外から年間1000人ほどの見学者が来ていた時期もあり、3年ほど続いた。ほとんど東南アジアからであるが、子供連れで来ている人も多く、冬の雪が積もっている時期には子供たちが楽しそうに雪投げをしてはしゃいでいた。

また、平成8年11月18日には、母が、田中千代さんをランブールに連れてきた。総勢12人で来られた。

昭和初期に渡欧し欧米の文化・服飾を学び、日本に近代洋裁教育、服飾デザインの礎を作った人である。

田中千代さんは服飾辞典を書いた人でもある。田中服飾専門学校の創始者で校長であり、服飾デ

ザイナーの大御所であり、女優・タレントでもあった。
会社の本棚に、その服飾辞典がある。昭和30年発行の背表紙が4㎝もある分厚く重い本である。婦人画報社発行所の図解服飾辞典・田中千代編著とある。田中さんは、その時おそらく90歳ぐらいであったと思う。大歓迎されて、生産センターのすみずみまで見て行かれた。

とくに、ロート製薬の越野社長の弟がその子会社ジョセフィン社の社長をやっていて、母が親密な付き合いをしていた。ところが、ジョセフィン社の部長は安物のエルローズの下着を扱っていたのである。母と親しい社長や他の部長は一生懸命にランブールを推薦してくれたが、曲者（くせもの）の部長に叶わなかった。しかし、その下着は見るに見かねる下着であったので、ラン

ジョセフィン社工場見学（マレーシア）

ブールでつくるように粘りづよく交渉をして、ようやくランブールでつくれることになった。ただ、曲者（くせもの）の部長に遠慮した結果、同じものをつくらされた。私が忙しくてタッチしなかったのである。でもお陰様で、ジョセフィン社の営業所のある、香港やマレーシア、インドネシアのサロンを見て回ることができた。

もちろん、富山県と石川県の高校からも多くの工場見学がある。地域団体の女性部の工場見学もある。

文化学園大学や文化ファッション大学院大学をはじめ、服飾専門学校からも工場見学がある。工場見学での私の話は「こだわりのものづくり」が中心であった。同じ内容を本書にも書いている。

香港旅行

〝縫製屋の分際で〟と叱られた

私は、業界の先端を切って、工場見学を取り入れた。しかも、工場そのものに見学通路を設けて、ガラス越しに見えるようにしたのである。

工場見学を取り入れたのは昭和61年8月からで、本社社屋ならびに工場を新築したときのことであった。

この業界で最も古いところは呉服屋(ごふくや)で、創業は江戸時代である。呉服屋は百貨店の出発点ともなった。次に繊維商社が古い。こういうところは往々にして古い体質を持っていて、むしろ古さを売り物にしているくらいである。

帝人も歴史のある会社である。

帝人には子会社がいくつもあって、ランブールはその子会社と取引していた。そこの社長さんを和倉温泉で接待し、そのあと、帰り道にある中能登工場を見学してもらったことがある。すでに本社工場は何回も見てもらっていたので、ぜひ中能登工場もということでコースに入れたのだった。

中能登工場は、2000年(平成12年)9月に建てた。3階建ての工場らしくない工場で、工場としては建築費用を多く掛けている。

ところが、中能登工場を見た帝人の子会社の社長さんは「縫製屋の分際でこんな立派な建物を建てやがって」と、剣もほろろに叱りつけたのである。

一般的に、工場の従業員はいやいや働かされるような気持ちになりがちだ。それは、殺伐とした建物にいるから、というのが大きな要因だと思う。

中能登工場の正面には、日展に入選した作家の２００号の絵が掛けてある。正面以外にも、随所に絵が掛けてある。

いいものを作る工場は、工場らしくない工場でなければならないというのが、私の考えである。社長さんには、従業員がのびのびと働いているところを見てもらおうと思ったのだ。ところが、かえって叱られてしまい〝あにはからんや〟であった。

本社工場は「ファクトリーパーク」といって、公園の中の工場をイメージしていた。当時は斬新であった。

ナウ本社と工場建設

ナウ本社は２００７年（平成19年）５月に竣工した。

ここも、一貫生産工場でなければならないということで、裁断工場と縫製工場がある。縫製工場は金沢工場と呼んでいる。

３階建てで、屋根はとんがり帽子。それこそ工場らしくない工場である。高速道路からも見えて、ランドマークになっているといわれている。

ナウ本社には、ギャラリーとモデルサロンをつくった。ホールもある。ここで工場見学の研修を行なうのである。

ナウ本社を建ててからは、工場見学に拍車がかかった。金沢の高校や文化学園大学、文化ファッション大学院大学など、学校からの見学が主である。

「ナウの下着」の得意先はサロンである。ナウ本社のモデルサロンには常駐の人はいないが、レイアウトなど、サロンの方のために参考になるようにつくっている。

32年にわたる工場づくりの最後は津幡工場

2010年（平成22年）に津幡工場を建てた。ランブール最後の工場である。

古い工場を新しくしたり、移転して建て替えたり、石動工場や七尾工場から津幡工場に至るまで、ずいぶんとたくさん工場を建ててきた。もちろん設計士

同級生がナウを見学

もいるが、一つの工場を建てるのには、私自身も大変なパワーを投入する。とくにビルの外観から、内装の壁、フロア、階段など、室内のすべての色の見本は、私が絵の具で出して指定するのである。

水牧工場や石動工場で始めてから津幡工場が建つまで、32年間かかっているが、そのすべてに私がかかわっている。

その間、工場建設だけではなく、設備投資、営業開拓、外注開拓、資材開発と調達など、経営全般にかかわってきた。とくに組織改編や人事給与は詳細に管理してきた。しかし、一度システムをつくってからは、すべて任せて口出しすることはしない。その件については第5章と第6章で詳しく紹介したい。

建物の色彩についての話に戻るが、設計士はとかく白、黒、灰色のモノトーンを使いがちである。私は、白と黒は色ではないといっているのだが、ついつい庇（ひさし）や洗面所の天井などにはグレーを使われる。

しかし、建物そのものがファッショナブルでなければならない。

第5章
新生ランブール

捨てる神があれば、拾う神がある

Aの出来事が一件落着したあと、新社屋と新本社工場も完成し、水牧時代が終わって、新生ランブールとなった。そのとき、トリンプが日本の生産から手を引いたのである。

当然、近くにあったトリンプの工場もなくなった。平成6年2月、その工場から、Aに代わる次の工場長がランブールに入ってくれたのだった。温厚な良い人柄で、定年まで25年間いてもらった。

その工場長がランブールに来たとき、私はこう言った。「トリンプの技術は、5年間ランブールに入れてはならない。まず、ランブールの技術を勉強して習得してから、5年後にランブールよりトリンプの勝っているところがあれば、導入してもよい」。そのときは5年と言ったのだが、私は忙しくて構ってやれないまま10年経った。見ると、トリンプの良いところを導入していない。「なぜ導入しないのか」と工場長に尋ねると、「ランブールの方がすべて勝っているので導入しなくてもよかったのです」と言う。

その後、彼には生産部長として頑張ってもらった。何よりも各工場とのコミュニケーションを図り、人間関係を重視してくれた。私は、下町人情型の親父経営、居心地のよい職場をつくることをモットーとしていた。ランブールの下着づくりは難易度の高い作業なので、穏やかな気持ちでなければいいものをつくれない。

彼が退職して次の人に移ったが、その人物も現在取締役常務として、生産をしっかり管理して、各工場を巡回している。

Aの話は、本書で初めて明かした。だから息子の新社長ですら知らないことだった。

販売会社「ナウ」の設立

私が目指した経営は、トヨタ方式であった。トヨタは合理的である。その頃は、トヨタ自動車工業とトヨタ自動車販売に分かれていた。いわゆる製販分離システムである。

私は、製造はランブール、販売は鴨島商会と考えていた。だが、兄は営業ができる人ではなかった。母は個人事業主・鴨島外子として商売をしていたので、鴨島商会にはあまり力を注がなかった。鴨島商会には販売担当者が何人かいて、母とその担当者たちが販売する下着の一部を、水牧工場でつくって納めていた。

私は鴨島商会の営業を兼ねていたが、鴨島商会は兄の個人経営であり、グループ化は無理であった。

そこで、1988年（昭和63年）11月、販売会社として、金沢市で株式会社ナウを設立した。前述のように、ナウ本社社屋は2007年（平成19年）5月に竣工したナウを設立したことにより、改めて製販分離のグループ化を果たしたのだった。ナウ設立はランブールの本社社屋ならびに本社工場を建設していた頃のことである。

今日「ナウの下着」については、もはや私の出番がないほど、息子の新社長と販売営業が頑張って展開をし、全国を駆け巡っている。

ランブールはＯＥＭ（相手先ブランド）を得意としてきたが、現在、ＯＥＭの供給先ではナウが50％以上を担うようになっている。ランブールのＯＥＭは1社大口があるが、全体としては縮小している。ＯＥＭをやろうとする販売企業はほとんどなくなっているのが時代の趨勢だ。小口のＯＥＭをやればこちらが貧乏するので、私は「貧乏ＯＥＭ」といっている。

販売に転ずる

グループ本体のランブールは、昭和50年9月設立である。

平成から令和にかけて、昭和の右肩上がりの時代が終わり、日本の経済は成熟期に入ってきた。成熟期に入り、パイが小さくなれば、当然のごとく競争が激しくなる。今まではじっとしていても注文が入ってきたが、これからはそんな客待ち商売では立ち行かなくなる。それは自社のオリジナルであろうが、ＯＥＭであろうが変わらない。必然のなりゆきだ。

競争に打ち勝てるように営業を強化し、なおかつ自ら売っていくこともやらなくてはならない。営業を鍛え販売もできるようにするのである。

ランブール初期の基本方針は、メーカーを目指すということであった。しかし、これからは、メーカーとしての確固たる地位を築くためにも、自らが売っていかなくてはならな

家事・子育て・老後まで楽しい家づくり　豊かに暮らす「間取りと収納」　　宇津崎せつ子

みなさんが家を建てる、リフォームをする目的は何でしょうか?

「何のために」「誰のために」そして「どうしたいから」家が必要なのでしょうか?　１０組の家族がいれば１０組それぞれ違いますし、ご家族一人ひとりでも家づくりへの思いや考えは違うかもしれません。

でも、それぞれの思いや考えが、家づくりの核になるということは共通。だからこそ、家づくりをはじめる前に、最初に考えることが大切なのです。

それなのにマイホームの完成がゴールになってしまっている方が多くいらっしゃるように思います。本来は、その先の"暮らし"がゴールなんです。設計士や工務店・ハウスメーカーどれであっても、家を建てるプロです。家づくりのプロはたくさんいます。その人たちに頼めばかっこいい家・おしゃれな家はできるでしょう。

でもあなた方ご家族に合った暮らしづくりのプロではないんです。ましてやあなた方の"豊かさ"や"幸せ"が何なのかを、解き明かして導いてくれるプロではありません。（本文より）

建設に携わる両親のもと、幼いころから住宅づくりの環境で育ち、現在一級建築士として働いている著者は、「住育の家」（住む人の幸せを育む家）というコンセプトを掲げる。間取りから家を考えるのではなく、自分や家族の「幸せの価値基準」から家をつくっていく。数々の実例とともに、収納のコツ、風水のポイントなども紹介。（税込1760円、224頁）

い。

そこで、昭和63年11月に、株式会社ナウを設立して、翌年の平成元年から「販売に転ずる」を基本方針として打ち出したのである。将来の時代の変化に対応するために、先に手を打ったのだ。現在のナウ資本金は４０００万円で、まさに株式会社ランブールと両輪である。

この方針を、当時、私は皆を集めて話したのであった。しかし、この後バブル経済に突入し、パイが広がり、物が売れに売れて狂乱経済となった。

これは、政府や有識者が、今後の日本に到来する成熟社会に立ち向かうための政策や考え方などを模索していた時期だった。しかし、銀行はじめ経済界は、縮小経済などとんでもないと言って、バブルを引き起こしたのである。

だから、ＯＥＭはしばらく続いたのだった。ＯＥＭ先である訪販会社は雨後の筍（たけのこ）のようにできた。

しかし、やがてバブルは崩壊した。それから少子高齢化が進み、はっきり縮小社会に突入したのである。いよいよ本当に「販売に転ずる」時代が到来した。

独自の経営手法

その後の２０００年代に、機能性重視の高級ボディファンデーションを主力にして、大幅に売上を伸ばすことができた。その要因を探ってみると、背景には製品を量販店には並べず、サロン形式の対面販売で、ユーザーの要望を商品に反映させる経営戦略をとっていることがあげられる。

目先の利益を考えれば、富山県小矢部市という片田舎の会社が勝負するには、スーパーなどに置いてもらって販売するのが手っ取り早いことはわかっていた。しかし、スーパーには最初から当社の商品を持っていかなかったのだ。

当時は、ワコールなど大手の下着メーカーが売上を伸ばし、ボディファンデーションなら何でも売れる時代となってはいたが、ランブールの製品は〝機能性をもった感性品〟という認識でつくっており、デリケートな美を追求した商品を提供することに心血を注いでいる。一般に、ブラジャーは3千円前後だが、当社の製品は1万5千円から2万円。良い商品を提供しようとすれば、縫製過程が難しくなるため、価格が高くなるのもやむを得ない。

ワコールの下着とランブール・ナウの下着とでは用途目的が違うのである。

ワコールの下着は、いわば生活必需品である。一方、ランブール・ナウの下着は、機能を徹底追及したボディファンデーションである。

ものづくりをする人は、本当の自分を失わず、こだわりの心をもちつづけることが重要だ。本物とはそういうことである。建築学を学び、冷蔵・冷凍設備の専門会社に入社して、日本の建築の快適性・機能性追求の欠如に気づいた私には、当時から、否、天性として幼少期から、ものづくりに対する感性と信念が備わっていたようにも思える。

　この業界には多くのメーカーがあるが、それらの製品はほとんど量販店で売られている。だが、サイズも数少ない大量生産だから、個々人のニーズに的確に対応できているかどうかははなはだ疑問である。一方、当社の製品は、量販店にはいっさい出していない。主な得意先はサロンである。ユーザーには、サロン形式の対面販売で、試着し納得してもらったうえで購入していただく形となる。

　ユーザーの〝美と健康〟にこだわるゆえ、必然的に高級品とならざるを得ない。当社の製品が高額なのは、機能を重視し、素材も機能を追求できるものだけに絞り、ある部分ではコストダウンを度外視しているからである。また、複雑な作業や工程をあえて人間が行なうことで、その機能性を高めている。社員一人一人のこだわりの心が、さらなる良品を生み出す源泉となっているのである。

　当社の工場やオフィスでは、コンピュータを随所に活用している。ＣＡＤ・ＣＡＭ（図面管理ソフト）による自動裁断なども導入している。しかし一方で、〝美と健康〟に対しては妥協を許さず、複雑な工程はあえて手作業で行なっている。

　ロボット化した工程もあるが、私は機械に人間が使われてはならないと考えている。人間が機械を道具として使うべきである。いわば「半自動」。あくまでも人間中心である。「使いにくい機械なら使わなくて結構、自分の働きやすいように働きなさい」と、社員にはいつも言っている。感性の高い本物を創ろうという人間や会社が、機械に使われては本末転倒だ。

私は、下着事業のメーカーを目指すためには、男子社員も必要だと考え、確保した。それはまた、ランブールのこれからに、自分自身が経営者としてふさわしいかどうかが問われるということでもあった。

男性と女性は差別してはいけない。だが男性は子供を産むことはできない。それは区別してよい違いのはずである。そのような区別を理解したうえで、男性の経営感覚や営業力、女性の美的感覚や感性、それぞれの違いや立場や個性を融合することが、これからの経営に問われる。私は、これまで性別を意識せず、それぞれの人間として向き合ってきた。とりわけ美容業界とファッション業界では融合が大事である。

ナウの販売

ランブールはＯＥＭの得意先が主力であり、ＯＥＭ先がやっているような販売はやれないということで、一歩下がって、別会社のナウでそれを担うことにした。

以前のトヨタ自動車工業とトヨタ自動車販売のように、製販を分離したのである（現在、トヨタは合併してトヨタ自動車になっている）。

そこでまず、プロパー商品をつくることにした。ナウ独自のオリジナル商品である。同時に自社ブランドを製品のラインアップごとに立ち上げた。

同じころ、大口ＯＥＭ先が破綻した。ランブールの売り掛け負債もかなりの金額になってしまった。また、ＯＥＭ先の販売の低迷で、引取りのない商品や資材の不良在庫も膨大な量になり、貧乏ＯＥＭになってしまった。

ナウでは大口のＯＥＭから脱出するため、「ナウプロパー」という小口販売で全国展開をすることにした。小口だが「得意先５００件構想」を掲げた。それが現在の「ナウの下着」の原型になったのである。

今日、得意先は大小合わせて２００件規模になった。自社ブランドの自社製品である。商品開発によって実現した「専門店の品揃え」で知名度が高まっていった。

良い製品なので、売上は伸びている。販売導入や着用指導のサービスも充実している。今では、ランブールとナウは製造と販売の両輪であり、２社合わせて名実ともにトータルメーカーとなっている。

ただ、「販売に転ずる」といっても、直接消費者には販売しない。消費者はナウの得意先であるサロンの顧客である。

ナウは、サロンに卸すメーカーであり、小売り一歩手前の卸販売である。直接消費者に販売して、サロンや店舗の利益を奪うことは決してしない。

会社の浮沈に一喜一憂しない

経営は他人のものまねでは通用しない。相手の手法を分析・研究したうえで、それを超えるもの、それと違うものを発案し実行することである。ただ、そうやって相手の手法を超えたとしても、とどのつまりは〝ものまね〟にすぎない。

相手とはライバルであったりするが、得意先も相手ということになる。得意先を徹底的に調べたりすることはできない。むしろ信頼関係が大事である。市場は常に動いているから、業界の流れを見ていると、経営のヒントがもらえるものだ。

いずれにしても、弱小企業である私たちがものまねをしていたのでは、存続、発展はない。

前述したように、ランブール設立当初はかなり不正があった。株の整理をしたり社長を交代させたりして、正常な会社に立て直した。当初7年間ほど私は社長にはならず、会社の経営を見ていたが、実質的には社長の仕事をしていた。

ランブールの社長になって50年ほどの間に、さまざまな波風もあったけれど、私はそれを暴風雨で大変だと思ったことはない。単なる業績の浮き沈みととらえている。

それは、どんな会社にもあること。沈む時もあれば浮かぶ時もある。その時その時の一時的な出来事で一喜一憂せず、長いスパンで物事を見る必要がある。私があの世に行ったあと、今の社長、あるいは次の代で発展して大財閥になっているかもしれない……。

会社の資金を何年も着服していた社員がいた。発覚したとき、その社員を刑事告訴することもできたけれど、それはしなかった。そんな一時的なことにこだわるよりも、長いスパンで物事を見るべきだと思っている。身内や社員を裁判にかけるようなことをしてはいけない。お互いが信じて入社し、採用したのだから。

その人は、もしかしたら最初からランブールを狙って、母をカモにしようと思って来たのかもしれないけれど、たとえそういう人でも罪を問わない。もちろん、それで会社が一時的に厳しい状況に陥ってしまうのは事実だが、不正をした人物の罪をあげつらうことに時間をかけるよりも、迅速かつ的確に対処して、会社の業績を回復させることに意識を集中すべきだ。努力すれば必ず浮上するのは間違いないことだから。

これが、私の経営哲学といえばいいだろうか。

社長交代

平成30年4月20日、ナウ設立30周年記念を兼ねて、金沢都ホテルでナウの社長交代を行なった。令和3年9月28日には、滝乃荘でランブールグループの社長交代も行なった。

新社長である息子広将は、金沢工業大学工学部を卒業している。金沢のコンピュータ会社に入社し、東京勤務になりシステムエンジニアとして働いた。ランブールに入社したのは、平成17年4月1日。平仕事から専務になり会社を支えてきた。

その後、私は念願であった取締役会長となり、令和5年4月1日に会長も退いて取締役顧問となった。

100年後に世界のメジャーの仲間入り

ランブールは「世界のメジャーの仲間入り」を目標に掲げている。母にはこのようなヴィジョンはなかった。私が考えたブランド戦略である。

「100年後」といっても、「今から100年後」という意味ではない。これはランブールのブランド戦略なのだから、スタートは今からではなく、鴨島商会創業からでもなく、ランブールの設立からである。なぜこの戦略を打ち出すかと言えば、企業として不滅のランブールを目指したいからである。

ランブール設立は49年前。だから「世界のメジャーの仲間入り」を果たすまで、今から数えて51年だ。まさに不可能に挑戦である。

「RANBUHL」はそのために商標をとった。いわゆる下着のものづくりブランドである。

2024年、令和6年9月5日の設立記念日の翌日に、ランブールは設立50年記念祝賀会を行なうと聞いた。息子の社長が中心になって進めている。

その時に、現社長が先頭を切って「あと50年（半世紀）で世界のメジャーの仲間入り」

と宣言してほしい。

これは非常に大変なことである。これからの作業としては、まずその目標を社内に徹底すること。今の段階でメジャーの仲間入りをするということは夢かもしれない。しかし、夢を抱かなければ、実現は不可能だし、会社の発展は望めない。

メジャーの仲間入りは、会長や社長の力だけでできることではない。それにはやっぱり社員さんの力が必要なのはいうまでもない。社員さんが情熱を持ってその夢に向かうためにはどうすればいいのか、当初から考えてきた。

メジャーの仲間入りの原動力となるのは、こだわりの経営であり、ものづくりブランドの差別化である。

もちろん、１００年後にメジャーとなっても、ランブールはそれで終わりではなく、そこからがまた新たなスタートだと思っている。

母の言葉と母の影響

心に残っている母の言葉は「稼ぎに追いつく貧乏無し」と「蒔(ま)かぬ種は生えぬ」の二つくらいしか頭に残っていない。その言葉を大事にしている。

実は、母の言葉はあまりない。

駅前の母のところに行くと、母は商売の話をした。私も商売が好きなので話が弾むのである。

兄は、商売は金儲け、金儲けは汚い、という考えの持ち主であり、商売の話は嫌がった。だから兄と母とは対話がなかった。私とも考えが違っていた。

母と私はよく似ている。商売が大好きなところや、落語やお笑いの中にも商売のコツやヒントを見出(みいだ)すところ。商売の神髄はまさに相手とのやり取りにあり、お笑いに通じるところがある。ともあれ、母は前向きな人である。私も「前向きこれから」をモットーとしてきた。これも母からの知らずしらずの教えであった。


母は、トヨタのハイエースに、商品と菓子箱をいっぱいに詰めて旅に行った。商品と菓子箱を車に詰めるのは、番頭の城幸造である。

得意先に菓子箱を持っていって挨拶し、予定日の約束を取って販売をする。菓子箱を持っていって約束を取り付けることを「チャージ」と言っていた。

お菓子屋さんの主人には「お母さんが旅に行く前には、大量の菓子箱の注文があった」と伝説のように言われる。

私が高校の頃、魚屋さんの主人から「お母さんから頼まれて、先生のところにぶりを持っていったよ」と言われたことがあった。高校の担任の先生のところである。母は子供に内緒で付届(つけとど)けをしていたのだった。小学校6年の時に、担任の先生から万年筆を贈られたこともあった。母が何かを届けたお返しであるといま気がついた。

母は、付届けを大事にしていた。付届けは礼儀であり、私のマナーの一つになった。だから、会社でも私が出張に行くときは、総務が菓子箱を用意するのである。母は人を寄せることが大好きな人であった。商売は人が相手だからである。

旅から帰ってくるとお寺の世話をした。お寺の長老の総代からも母のことを聞く。大変エネルギッシュであったという。

母は下着を洋裁学校に販売していたが、そこは2年制の学校であった。ある日、1年生の時に買った生徒が、2年生になって「おばちゃん、去年買った下着はよくなかったよ」と言った。それで、母はしょげて帰って来たことがある。

私は、その母の姿を見ているのである。子供ながらに、いいものを作らなければならないと、頭の片隅にインプットされていた。その母の言葉、「消費者の生の声がいいものを作る原動力になる」は母の言葉の中でもとくに大切にしている。

そのような言葉を残している母であるが、こういうことは、たまに得意先の営業アピールで言っただけで、会社では言わなかった。

ふだん私が会社で言っているのは、私自身の言葉である。経営やマナー、人間性についての言葉が多い。

母は所詮母である。商売の天性はあるが、経営者ではない。そのため、母の言葉と私の言葉を使い分けてきた。だが、実際には私の言葉であっても、それを母の言葉ということにして会社で言っている場合も多くある。

ランブールはとくに評判を大事にしてきた。

「息のかかったところには手を出すな」「他人の餌を取るな」（同業他社の得意先には手を出すな）。これは、ランブールに癖の悪い営業幹部がいたから、評判が悪くなってはよくないということで、会議などで言ってきた。本当は本人にダイレクトに言えばよいのだが、今でも一向に通じていない。なかなか伝えるのは難しい。

息子には「バカはしてもよい。バカのバカはしてはならない」と言った覚えがある。これも私の言葉である。

営業上では「納品するから不良債権になる」と言っている。先月分のお金が入金されておらず、焦付いているのに次の商品を送っているのである。商売のリスクとして1か月分は仕方がないが、その後もだらだら送るから不良債権になる。これをストップするための言葉である。

営業は経理におカネが入っているかを聞きもしない。また、経理もそのことを営業に言わない。今では「債権管理表（入金表）」でそれぞれが確認している。

焦付いていている間は「キャッシュオンデリバリー（入金後の納品）」であるが、仕入金額に10％オンをして、それを焦付きの返済に回す方法を取っている。相手の救済も兼ねなければならない。

私の言葉は山ほどあり、昔辞めた専務は、それを2冊のノートに控えていた。専務は私に「これはノーベル賞ものである」といった。だが、ほとんどはみんなに伝えていない。

大昔から「親会社が赤字になっても子会社を赤字にしない」とか「連結決算手法を用いる」とか言ってきた。いわゆる粉飾決算をしてはならないという意味である。

融資で破綻した会社も多く知っている。「手形は魔物である」。手形の不渡りをかなり経験した。

実は、本邦初公開だけれど、兄の鴨島商会に納めていた下着の代金は手形だった。危険極まりなかったが、ついに兄は決済できないと言ってきた。総額はなんと７０００万円超。不渡りになれば、鴨島商会は倒産する。私（ランブール）ですべて向かい水をして、7000万円を肩代わりしたのである。このことは母にも息子にも言っていない。知っているのは妻だけである。松下幸之助は「手形はいわば私製紙幣である。日銀の銀行券ではあるまいし、そんなものは振出してはならないし、受け取ってもならない」と言っていた。鴨島商会は兄が無借金のままきれいに清算している。そのときは私よりやり手かもと思った。

いまや母も亡くなって、私も兄も後期高齢者、77歳の喜寿である。

私の言葉の数は膨大であり、それを全部言えば朝から晩までかかるので言わない。会議や研修会や男子反省会などにおいて、いくつか言うだけで精一杯である。それも、その時にならないと言葉が出ないのである。

「人間は倒産したとき、けだものになる」といった経験則は、日常的に言うような言葉でない。いわゆる窮地に陥った時、人間がどう変わるかについての言葉である。

校長先生が車で人をひいたとき、立場上逃げるということがある。日ごろは教育者であっても、人の性格はその時になってみなければ分からない。だが、世の中には立派な人がたくさんいることを信じなければならない。

母は「大きなことをやってはならない」と言っていた。それが私の「むやみな拡大をしない」という言葉の原点となっている。だから50億が限度であると思う。

大事なのは対話会話であり、コミュニケーションである。それがあれば「言葉」などはいらない。

第6章

こだわりのものづくり、こだわりの経営

付加価値のある〝ものづくり〟

ランブールの商品はさまざまなセットがあるけれど、価格は1万5千円から数万円。しかし、その付加価値は価格の数倍はあると思っている。だから私は「価格の3倍以上の付加価値がありますよ」と言っている。

その根拠の一つとしていえるのが、工場のみんなが泣いていることだ。難しくて、難しくて。かわいそうでならない。それに比べて商品の価格が安いから、賃金もそんなに高くできない。

販売代理店はもっと高く売りたいだろうけれど、商品の価値以下の値段で売っているから、代理店は、他の健康食品なども販売している。私は代理店さんに対しての縛りは絶対に設定しない。

ただ、ランブールの商品は他にはない唯一絶対のすぐれた商品であることはまちがいない。だからお客様は継続して購入してくださるし、他の人にも紹介してくださる。最高の製品をつくっていれば、その善なる循環は半永久的に続く。そう信じて、社員の皆さんも私も、誇りを持って取り組んでいる。

現場のレジェンドたち

最初に紹介したいのは、辻の所で事務員をやっていた竹田真弓である。辻に嫌気がさして、ランブールに来てくれた。彼女は後々経理やデリバリー業務を一手に引き受け、私の片腕として、なくてはならない存在となった。私のこだわりを踏襲（とうしゅう）して水牧時代を支えてくれた。

次に、橘秀子である。彼女は商品企画開発で自らの企画パターンメイクを行い、部署を束（たば）ねてきた。その部署は立派に育っている。業界には右に出る者がいないと思う。ナンバーワンの企画パターンナーである。

私は縫製技術をかなり構築したが、忙しくてマニュアルなどを確立させることができなかった。そこで、縫製をやっていた野沢律子を呼んで、主任を命じた。だが、その日の夜8時過ぎに「やれない」と断ってきた。私は「明日からすぐに主任の仕事ができるとは思っていない。1年後に主任の仕事をやってもらえばよい」と説得し、縫製技術をまかせた。彼女は「加工仕様書」や「工程分析表」や必要なマニュアルなどを見事に仕上げ、縫製で技術を指導した。今日の縫製の基礎を築いた人である。

インテックを辞めてやってきた子が畑厚子である。裁断をまかせた。パワーのある人で、いつも先頭を切って動いた。ＴＱＣの上を行くシステムを目指し、裁断作業の徹底した効率化や、精度の向上を実現した。また、裁断と企画、縫製を連携して技術をアップさせた。同時にみんなを厳しく教育した。私の出る幕がないほどであった。

実用新案と特許

私の経営は「こだわりのものづくり＝こだわりの経営」ということに行きつく。

そして、私にはそれが一番得意なことだ、と思い至るのだ。

一例をあげると、ただの縫製屋さんはやらない。つまり、縫製だけを請け負った仕事はしないということである。やっぱり自分たちで商品開発をして、販売もする。そういうメーカーの立場を貫いていかないと、夢もないし、その先の未来もない。

そう考えて、ある意味大変な位置に立つ会社にしたと思う。

他の人がやってきたことといえば、単なる縫製工場だった。しかし、それは私の眼中になかった。では、どうするかというと、独自の技術を持たなくてはならない。そういう技術は、今は特許になったが、当時は実用新案と言っていた。

下請のままだったら、どんなに技術を磨いて開発しても、元請会社がその権利を持っていってしまう。そして元請は発展していくが、下請は下請のままだ。だから、元請、つまりメーカーの立場で技術を持つ必要があると思ったのだ。ランブールでは、平成時代には十数件ほど実用新案を取得したが、現在は、特許も十数件ほど持っている。

メーカーになるということは、口で言うほど簡単なことではない。特許を取得しても、それが実用化されて売れなければ意味がない。言い換えれば、ブランディングをしなくてはならない。その商品を一流のブランドとして構築する必要がある。

一方で、私は、ボディファンデーションもファッションであると捉えているので、特許に固執はしないのである。ファッションは次から次へと変化していかなければならない。それによりデザインや機能も変化していくのである。特許にはそこまでの関心は持たない。それよりも商標・ブランドの方が大事だと思っている。

実用新案や特許や商標の登録証が、部屋の壁一杯に掛かっている。

半自動半手動の経営

しかし、社員さんの教育は、今の段階ではしていない。それが私の経営の方法だと言っても過言ではないのだが、要するに、人間尊重である。

だから、工場でも機械を導入して自動化、効率化を図らなければならないが、私は完全自動化はしない。いわば、半自動にしている。今、どこでもＩＴ化が進んでいるが、ランブールは半デジタル半アナログにしている。つまり、手動を残して人間の技術や情熱、創造性が商品に反映できるようにしている。

あくまで機械は人間様の道具として使っているのである。オートメーション化では絶対にできないことがある。人間の温かみや優しさなどはユーザーに伝わるはずだと思っている。

第一生命保険の創業者・矢野恒太は、「経営は非情なり」という言葉を残している。

私は、下町人情型ファミリー経営でやってきたので、その言葉には抵抗があった。

だが、これまで全部人情でやっていたから、教育も行き届かず、かえって大変で、伸びなかった。だから、全部人情型には限界を感じて、これからは非人情も取り入れなくてはならないと考えるようになった。それが「半非情半人情」。これで人間関係の理想を追求する。

今までは全部人情経営だったから、命令はしたことがなかったし、ストップをかけたこともなかった。社員さんに自覚や自主精神がなかったら、崩壊していたかもしれない。一時的にはそれはそれでうまくいっていたかもしれないが、しかし、これからの時代、そんなわけにもいかんなと思っている。

私の「半自動、半手動」は、お釈迦様の「中道（ちゅうどう）」という教えを取り入れたものである。すなわち「偏らない」という教えである。やはり、中道を保つためには、これから半非情も取り入れていかなければならない。

上場はやらなかった

平成2年頃から、ランプールは業績が上がってきた。

平成3年8月決算において、売上が22億2468万円（ランプール16期）になり、翌平成４年８月期決算で30億円を突破している(ランブール17期)。グループでも50億円あった。信用情報の経常利益４０００万円以上の県下法人所得ランキングにも、経常利益が３億円、４億円で載っていた。

それで、証券会社などが上場を持ちかけてきたのだ。平成４年４月頃には、上場の登竜門である名古屋中小企業投資育成株式会社と投資などの契約を取り交わし、そして、山一証券（やまいちしょうけん）の幹事証券契約も取り交わした。

コンサルタント会社もきて、半年近くレクチャーを受けた。

ランブールは売上30億、利益３億、配当10％（配当はやっていなかったが、すぐにでもやれた）で、店頭公開での業績はすべてクリアしているのであった。株式公開し市場に流通させて、膨大な申請事務をクリアし、スケジュール通りに進めば店頭登録はできた。そして年月を掛けて東証二部上場を目指すのである。東大では毎年３０００人が合格している。ところが、平成４年当時、上場は１００社にも満たない。大変な難関である。

進めていくうちに、マネジメントのプロ頭脳集団を導入しなければならないということになった。株式事務労力や経営コストがかかり、業績にノルマを掛けて回収していかなければならない。投資家保護のため企業内容を開示する必要があり、常に監視される。

はたして、これが私の目指す経営といえるのか……。共にやってきた社員を無視した話ではないか。会社は経営者のためだけにあってはならない。

上場は、いわば昔話の「花咲か爺さん」の現代版であり、「マネー集め」である。しかし、「幸福集め」にはならない。

そうして、ギリギリになって上場はやらないと決めた。それまで約束を破ったことはなかったが、初めて契約を破るので土下座して断った。

上場の書類が一部引出しに残っていて、後で見ながらつくづくと大変なことをしていたんだなと思った。証券会社をはじめとして、上場に関わる会社すべてを私一人で相手にしていた。後に山一證券は破綻した。

ある下着の大手カタログ通販会社では、警察関係や消防関係などの人材をスカウトし、役員にしていた。コンプライアンス管理のためである。

また、それからかなり経ってからであるが、ランブールの取引先の会社が上場したことがあった。ランブールが開発した商品が爆発的に売れたのである。特許や商標などはあらかじめ出願していた。補正下着プランナーとして橘部長が広告に駆り出され、露出した。

結局、振り回されてひどい目に遭った。あげくのはて、その会社は同じ商品を他所(よそ)で安く作らせるようになった。生地を驚くほど抱えて、ストック在庫になった。

担当営業幹部にはこのことは分からないのだ。今でも出入りして雀の涙の取引をしていて、あきれている。

ある時、その会社の上場に携わって苦労した幹部の一人がランブールへ来社したのである。聞くと、捨てられたそうだ。

上場とは誰のためにあるのか、何のためにあるのか、考えさせられる。

時代の変化、業績の変化に備える

私は「むやみな拡大はしない」という理念を基本方針にしてきた。

ランブールの下着は、大衆向きの女性肌着インナーではなく、ボディファンデーションである。つくるのも難しければ、売るのも難しい。女性肌着インナーと比べれば、市場はないに等しいから、大量に売り捌くことができない。

これは、自分たちで市場をつくりあげていかなくてはならない、ということを意味する。女性肌着インナーの業界とボディファンデーションの業界は違うという認識が必要である。

だから、以前から「会社の売上が急拡大したら危険だ」という気持ちがあった。

平成23年8月期から赤字に転落した。

大口ＯＥＭ先の売上が急激に落ちたからである。当時は一極集中で、依存度が高い危険な取引になっていた。

その時にはもはや、ＯＥＭに胡坐をかく時代は終わっていたのだ。にもかかわらず、ＯＥＭが得意ということでイケイケドンドンになってしまっていた。営業幹部にはまったく危機意識がなかった。

それから、8期連続の赤字になった。ＯＥＭ依存の痛手が8年間も尾を引いたのである。このときは、過去の含み資産のほとんどを食い潰してしのいだ。

結果、分散しなければということで、得意先５００軒構想をナウで構築した。それでなんとかこの危機を乗り切ったのである。

ところが、営業幹部はその後も危険な大口ＯＥＭを行なった。そこの会社へ私を連れていくのだが、実態がどうなっているのか、まったく説明できていなかった。結局、実態が分かってから収拾に立ち回るはめになったのだが、後の祭りである。

「痩せ治っても癖治らない」。そのような幹部が一人でもいれば、脆弱（ぜいじゃく）な会社になってしまう。そのようなリスクがある以上、私が一人営業をしていればよかったと痛切に思ったが、一度任せたからには最後まで任せなければならない、という信念を貫いた。教訓を生かしてもらえれば今後の財産になるが、はなはだ疑問と心配が残る。

売上が半分以下になっても耐えることができるように、できる限り内部留保、すなわち含み資産を増やして万一のために備えていた。

多額の借入金の一部は、業績がよい時に銀行から借りたものである。銀行のほうが「貸すから」と言ってくる。付き合いで借入金が増えるのだ。ちょっと前までの40年間は、私から「貸してほしい」と銀行に足を運んだことがない。

「借りたら、翌日から返済する」というのが私の方針であった。経理の元常務はそれを実行していた。ところが現在、青信号が赤信号になっている。

業界ではランブールに似た会社は多くあったが、ほとんど潰れてしまった。

本当は、そういう会社がいくつかあったほうがいい。競争があり市場があったほうが、会社は驕（おご）り高ぶることなく、正しい経営を志すようになるものだ。

補正下着という名の粗悪品が出回る

もちろん、大半の女性はスタイルを気にしていて、自分の姿をよく見せたいという欲望を持っているわけだし、当時の日本は経済成長の最中にあったし、スタイルをよくする下着があれば一定の市場は見込める。

だから、粗悪品が訪問販売で出回った。その名も、身体を補正できるということで「補正下着」。後日ネットワークビジネスの商材になった。

安物メーカーが作るので、スーパーで売られる下着に毛の生えた程度の品質であった。そういうメーカーには、補正機能を追求する技術はないから、一口で言うと「締め付け下着」になった。

着用すると、キツイ、辛い、肌に食い込んで痛い。とても長時間着用できる代物ではなく、タンスの肥やしになった。

当然、不満が出る。その補正下着が消費者センターでの苦情の中心になったのだ。価格も高額で、30万や50万は当たり前、１００万で販売していることもあった。何時間ものオーバートークと、ごまかしの試着で買わされるのである。はっきりいって悪徳商法であった。そんな販売が20年間も続いた。本物のボディファンデーションなどの下着不信につながる。

だから私は、「補正下着」という名前は使わず、「機能下着」という名前を使った。今日ようやく「ナウの下着」のおかげで、信頼が回復している。

一方では、テレビショッピングがある。「アメリカ製」だとか、「売上1億枚突破」とか、すさまじいトークと宣伝文句で売っている。

補正下着やボディファンデーションの意味をまったく分かっていないのに、名前だけ使って、「補正機能がある」と謳っている。こういう商品は、メリヤス調のビローンと伸びる生地で作られているので、締め付けなどはまったくなく、キツイ辛いの苦情は出ない。だが、その代わり、補正機能やボディファンデーション機能もまったくないのである。

それらの下着は中国などで作られている。少しメーカーの誇りと秩序が欲しいところである。

ネットワークビジネスの台頭

ネットワークビジネスにすると、中間マージンを紹介者たちに分けるから、商品の値段は当然、高くなる。「補正下着は付加価値をつけているから、値段が高くても大丈夫」という感覚があったと思う。販売スタッフはその下着の質が悪いことを知っていたと思うが、儲かるからそこには目をつぶってしまうわけだ。

「うちの下着は、こんな優れた機能があるから大丈夫です」とオーバートークして売る。自分が我慢すれば問題ない、と思っていたのだろう。ところが、オーバートークで売りつけられた消費者こそ大変だ。だから、問題が大きくならないように、その消費者を今度は販売員に育てるなど、様々な手を使っていた。私はその辺についてはだいぶ研究してみた。それで分かったのだが、「すごい手を使うな」とあきれてしまった。

台湾ファッションショー

このネットワークビジネスは、アメリカから輸入されて随所にはびこっている。ある大手の会社でも、スマホの販売をその方法で伸ばしている。

テレビショッピングも、形を変えたネットワークビジネスだといえる。「定価5000円のところ初回限定は500円」などと、驚くほど安い価格で契約できるが、実はその後の定期購入の縛りがあり、一度契約すると、以後もずっと自動的に送られてくる仕組みである。商品が気に入ればそれでいいけれども、気に入らないときでもなかなか解約できず、解約金が必要になる場合もある。少し角度を変えたネットワークビジネスだと私は見ている。

リスクの多い海外販売

知り合いを通して、ある会社から「台湾で販売したい」という話があり、1993年ころ、台湾で販売を始めた。そこの社長はケンブリッジ大学を出ていた。商品は日本から輸入していたが、社長は教養も高く英語はペラペラ、自らテレビに出て宣伝するほどで、しかも、製品が優れていることもあって、ものすごく売れた。

すると、彼は調子に乗ってマンションを買い、儲かった資金でお店を作り、スペイン製の赤、青、黄と色とりどりの派手な下着や洋服を扱い始めた。「そんなことしたら駄目だよ」と言ったけれど、相手は外国。いわば治外法権だ。

「スペインの下着や洋服は色柄やデザインが目立つから、お客さんは飛びつくかもしれないけれど、ランブールの下着は店頭でのディスプレイではわかってもらえないよ」と説明しても、社長には伝わらない。

社長は我々が台湾に行ったときには高級料亭で接待してくれたり、奥さんも指輪を5本の指につけたりと、もう駄目になる兆候は見えていた。

たしかに、儲かれば遊んでもいいという考えはあるかもしれないが、経営になっていないのは明らかだった。

当初、台湾での販売は伊藤忠商事と提携して進めることにした。伊藤忠の部長は「ランブールと組める」と言って、課長を連れて、喜んで台湾へ行った。

為替で損しないようにと、ドル建てではなく円建てを通した。ところが、その課長が台湾の社長に強く督促せず、集金を怠（おこた）ったのである。極論すれば、確実に集金するために商社と組んだのだが、私は「自分で集金するよ」と言って、６０００万円をランブールの債権にして引受けた。その後、私が何回も集金のために台湾に行って、２０００万円を送金させたが、４０００万円は焦付いてしまった。マンションなどは自分のものだと主張するのである。当時のランブールの常務などは、社長からものすごく豪勢な接待を受けていた。

私は、その社長夫婦に質素でいることが大事だと教えたのであるが、いつの間にかトンズラをしてしまった。カントリー（海外取引の）リスクをそれとなく知った。

日本の業界の情報が伝わって、ランブールは海外でも人気がある。インドネシアや韓国や中国でも販売した。だが、幹部の営業社員が、ことごとく、2000万、3000万と騙されて損をするのである。だから、私は「海外では真面目に商売をするな。観光で遊びに行け」と忠告するが、社員さんは真面目に営業をする。そして、売上を上げようとして騙されるのである。

今の社長は私よりも勉強していて、側近の常務も海外取引に精通している。中国との取引でも、3000万円の焦付きを粘り強く送金させて、全額回収している。

苦情ゼロのボディファンデーション

ランブールの商品は、質がいいからオーバートークなどは必要ない。その良さの説明はオーバートークではなく、事実の説明にすぎない。だ

売上20億突破記念

から、ランブールの商品は消費者センターへの苦情はゼロ。ランブールにも今まで一度も苦情はない。

社員でそんなことを知っている人はいないだろう。みんな当然のように製品を作っているわけだから、それが当たり前になっている。これがランブールの歴史であり伝統だ。ランブールは伸縮するストレッチ素材を扱う名人である。

ワコールやトリンプは、本物のボディファンデーションは放棄している。機能を徹底追求するストレッチ素材を扱えないのである。柔らかい素材で作っているから、機能がないのだが、柔らかいから、履きやすい。とくにワコールは、いわゆるレディスインナー、ファッションインナーにシフトした。それらは女性肌着である。

下着を着けなければ外へも出られない時代になった。だからレディスインナーは生活必需品であり、日本の人口の半分は女性、子供と高齢者を除いたとしても、4000万人の女性に下着を供給しなければならない。ファンデーションより圧倒的に市場は大きく、売上を伸ばせるのである。

ところが、ボディファンデーションは作るのも難しいうえに、売るのも対面説明しなければならないので、大量には売りさばけない。売上を伸ばすことができないのである。

ワコールはアパレル業界の雄だから、ユニクロにもしまむらにも負けられないのだろう。かつてボディファンデーションのトップ企業であったが、レディスインナー、ファッションインナーに舵を切った。だから、ワコールではボディファンデーションは死語になっている。

テレビショッピングでは、意味も分からずにボディファンデーションや補正下着を扱っている。また、ワコールやトリンプもボディファンデーションをレディスインナーなどと名前を変えて販売している。もちろん、柔らかいので窮屈さや痛みなどはない。だが実際のところ、それらをボディファンデーションとは言わないし、仮に多少の効果があったとしても、ランブールほど優れた機能はない。結局、ボディファンデーションは死語になってしまった。しかし、ランブールはこの名前を使って下着を作り、新しい商品を開発し続けている。

だから、ボディファンデーションのメーカーは、業界ではほとんどランブール一社だけということになってしまっている。業界全体が壊滅状態なのだ。その理由は、前述のように、かつて粗悪品（普通の下着）を高額で販売したために、業界が信用を失ってしまったことによる。

つまり、現在、ボディファンデーションの市場は無いに等しい。１００年後の夢を夢に終わらせず、目標として着実に達成していくためには、この市場を作り上げていかなくてはいけないと思っている。これが、これからの私の中心的な課題だ。

平成３年８月決算において、22億２４６８万円（ランブール16期）、翌平成４年８月決算で30億円を突破している（ランブール17期）。この売上があったのは、今振り返って考えると、単にバブルだけが原因ではないとも思う。その成長要因は、なんといっても「ランブールの下着だったから」だと確信している。

そして、その品質の良さによってナウの代理店が増加しているので、さらに確固たるメーカーに育てていきたい。

女性社員を中心に

ランブールは女性下着のビジネスだから、男性は制作関連のことには関わっては駄目だ、という一つの持論を持っている。なぜなら着用できないからである。大昔「社長は男でしょう」と橘部長に言われた。しかし、経営的なことは、やっぱり、男性がやるべきだと思っている。

「ナウの下着」推進部長の女性がいる。商品企画開発部や企画デザイン室と連携して、的を射た理論でもって、ナウの代理店に対し試着指導や商品説明、セミナーなどをし、独自の販売支援を行なっている。代理店開拓では下着導入などの研修会も行なっている。管田素子である。勤続10年のベテランだ。

私は、彼女にいっさい下着理論を教えなかった。自分で勉強、体験して身につけた理論が必要だと思ったからである。その彼女が、いまや代理店では引っ張りだこである。もちろん、男性の販売営業の得意先との根回しやアポやデリバリーなどはフォローしている。抜群のコンビで得意先のサービスなどで信頼関係が大きい。
中国の女性の営業も素晴らしい。中国に1か月以上滞在して、あっちこっちを回っている。展示会から、下着の売込みから、商品発送手配や代金の送金や、中国税関手続きなどをやるのである。

企画デザイン室の子は、19年のベテランだ。スタジオでの写真撮影や、CGを駆使しての写真合成などは印刷屋さんを寄せ付けないほどの腕である。小野奈加子である。商品開発とともに企画ビジュアルデザインも行なう小野奈加子は、2代目のリーダーだが、センスは抜群で、これまで外部のデザイナーと印刷屋に任せて年間数百万から1千万円以上もかかっていた作業を内製化して、カタログや、会社案内、広告物、パッケージ類のデザインをすべて作成するのである。
私は「商品とはすぐに売れる状態のものをいう」と言ってきた。だから「すぐに売れない製品を商品化デザインですぐに売れる商品にする」ことが必要である。

生産技術のレジェンドたちとして、私はあえて男性の名を上げなかった。女性の繊細(せんさい)な感性と技能技術が発揮される、まさに女性軍の職場である。そして、技術の進歩は、まさに女性たちの力によるところであった。

工場の主任さんたちも素晴らしい。いうなれば、最強のスタッフが揃っている。黒子ではなく、表舞台に上げたい女性たちである。

女性社員が、商品の企画や製品について、今、一生懸命に代理店などに伝達している。そうすることで、確実に代理店が開拓されている。代理店の社員さんもすべて女性だから、男性はそこへ入れない。こんな組織で、女性を馬鹿にするなどはもってのほかである。そうなったら会社はあっという間に崩壊するだろう。

だから、私は家庭を大事に、妻を大事にしなきゃだめだと思っている。責任者としての女性に対する態度や感情は、家庭の妻に対する姿勢が根本にあって、それが現れると思っている。妻にぶしつけな態度を取っているようでは、会社の女性に親切にできるはずはない。女性に対して暴言を吐いたり暴力をふるったり、セクハラをしたりすれば、もう瞬時に会社は崩壊する。

また、会社が儲かると、海外に遊びに行ったり、愛人を作ったりすることもよくあることだが、そんなことが見え隠れしたなら、もう責任者はアウトであり、会社の存続は困難だ。

会社の理念として3つの言葉を掲げているが、その1つ目が「人間尊重」。「人間尊重」が根本になくてはならないのだ。それも、理論だけではなく実践が伴わなくては意味がない。

カリスマ経営から集団経営に

経営をはじめた当初から、私はずっと一人で突っ走ってきた。経営の端から端まで自分で構築した。とくに時間をかけたのが、商品の差別化と、そのもとになるものづくり技術である。

メーカーとして、枝葉末節に至るまで、多くのこだわりを持っている。たとえば、真似されたら駄目だとか、汚染されたら駄目だとか。

だから、産学連携もやらない。どこかの大学の先生と組んだことがないし、情報も入れない。また、有名デザイナーとのライセンス契約もしない。他のブランドではなく、自社ブランドで勝負するということである。

相手先ブランド（OEM）の場合でも、売れるボディファンデーションはランブールでしか作れないのである。ものづくりブランドとしてのランブールを業界に広め、「規模は小さいが生産技術日本一のメーカー」をアピールした。

当初、ランブールは社長であった私への依存度が高く、社員からの提案がまったくなかった。やがて「私一人でやっていてよいのか」という疑問を感じるようになった。「このままでは駄目だな、集団経営にすべきだ」と考えた。

集団経営の場合は、幹部が社長の話を聞き、その内容を習得しなければ下に伝達できない。当時の幹部はそれを実行した。

だが現在、「時代の変化、業績の変化に備える」の項目で書いたような幹部がいる。私が実践してきた「企画営業」ができずに、相手の「言いなり営業、言いなり企画」になってしまっている。営業も企画もそれが分からずに今日まできている。

ボディファンデーションは、ふつうの売物とはちがう。差別化された商品であるため、制作するにも営業するにも特殊な技術が必要で、非常に難しい。

だが、この難しいことができれば、鬼に金棒である。

今から振り返れば、集団経営にすべきではなかった。どんどん業績が下降した。「半カリスマ・半集団経営」にすればよかったが、忙しくてそれができず、結局、丸投げ的になってしまった。

ひとくちに「企画営業」と言っても、商売感覚が必要だし、幅が広い。企画や生産、営業、採算、全体の業績についてなど、総合的なセンスがなくてはならない。しかし、それらを一方的に教えても、センスだから身に付かない。せめて「聞いてくれれば教えられる」が、それもない。

営業担当を私の営業先に連れて行ったことがあるが、私がやっていたような企画営業を会得することはできなかった。やっぱり難しいのである。事務的・形式的にＯＥＭを受ければけない。貧乏ＯＥＭになる。ベテランの営業でもそれが分からない。それでも私は注文を付けない。

だが、ランブールの伝統や技術、感性の中に身をおいていると総合的なセンスが身に付いてくるし、まさにそのような営業が育っている。

いきなり企画営業をするのはなかなか難しいところがあるので、とにかく簡単なフレーズで相手に商品の良さを伝えることが大事だ。「着比べてください」「着用すれば一目瞭然で良さが分かりますよ」「試着して10歩も歩けば、定位置に納まりぴったりフィットしますよ」「合わないのは自分のサイズをごまかしているからですよ、採寸が大事ですよ」「ランブールの下着は体幹をつくり、美と健康と若さをアップしますよ」など、私は営業用のトークをいくつも持っている。

しかし、いま自分がここに書いたようなことを社内で言いはじめたら「今どき77歳の爺さんが何を言っているか」となってしまう。

そこで、ガンガンいうよりも「本を読んでちょうだい」ということも大事だなと思うようになった。だから、この本は単なる私の自伝ではないと思っている。

以下に、私が大事にしてきた経営手法や、ランブールの下着の特性などについて、項目別に書いておく。

こだわりの経営手法

その1　「こだわり」を持ち続ける

こだわりとは、旧態依然(きゅうたいいぜん)とした固定的思考をいうのではなく、変革・変身・進化のためのこだわりをいうのである。また、いつまでも変わらない本質的なものを大事にしつつ、新しい変化も取り入れる。すなわち、温故知新(おんこちしん)や不易流行(ふえきりゅうこう)である。

たとえば、いま酒蔵が江戸時代の酒を造っていては、飲んでくれない。時代の変化とともに、女性も飲んでくれる、まろやかなフルーティーなワイン調の酒も造らなければならない。だから江戸時代の酒にこだわっていてはならない。こだわりは決して固定ではない。旧態依然は取り残される。こだわりは口先ではなく実践である。

その2　軍門にくだらない

こちらは、下着づくりのプロである。妥協すると売れない下着になる。

イニシアティブはこちらがとる。コミュニケーションは大事だが、相手の言うままになってはならない。仲良しがいいとは限らない。

その3　共同経営はやらない

地元を見ていると、共同経営が多くある。相手におカネを出させて、人の褌で相撲を取るのである。私も出資させられた。20年30年経つと結末は決してよくない。責任問題はうやむやで、それぞれの人間性が分かるが、利口ぶって誰も追求しない。

その4　一匹狼

属さず、従わず、のめらず、独自の行動をする。今日まで業界には勤めず、修行もせずに、一匹狼でやってきた。ランブール自身がどこにも染まっていない独自のメーカーである。ただ、一匹狼はおうおうにして外部と遮断されて、他とタッグが組めないので、良し悪しである。

その5　晒し者にならない

独自のノウハウを晒さない。誰にも知られるような「全国版の晒し者にならない」。すなわち「腸を見せない」。ミシン屋も入れないのである。自分たちでミシンを直すのである。

その6　ボディファンデーション一筋を貫く

「継続は力なり」である。ボディファンデーション一筋を貫く。そして、その伝統を築く。

ボディファンデーション一筋の歴史と伝統、そしてその生産技術は、ランブールが業界のトップといっても過言ではない。長年培（つちか）ってきた、ストレッチ素材を扱うプロのものづくり、その伝統や感性、ノウハウは、頭脳パターンをつくりあげ、難易度の高い縫製を可能にしている。

一つの商品で成功すると、とかく多角化をしがちだが、ランブールは、ボディファンデーションの機能を突き詰めていく。

独自の経営手法

その1　メーカーを目指す

完全メーカーを目指す。商品企画開発、製造、販売のすべてを自分たちの手でする。ただし、下請企業や加工業者が、無理して販売を手がけて、破綻することが多くある。あくまでもメーカーとしての位置に立った上で販売を行なう。他社と差別化した、最高級のものづくりによって、独自の市場を築く。

その2　下請はしない

メーカーを貫いている以上は、下請はしない。

メーカーは夢がある。

メーカーは（難しいが）自分たちで価格を決められる。自分たちで市場開発や販路開拓ができる。下請で儲けると、元請会社が加工賃をコントロールする。生かすも殺すも元請次第である。親会社や大手などの傘下には入らない。あくまでも自立独立である。

その3　生産技術の蓄積

ランブールは当初からメーカーを目指した。それも、商社的メーカーではなく、ものづくりメーカーを目指したのである。

当初から、規模は小さいが、生産技術日本一を目指した。

同社の商品生産は難易度が高く、見えない所にも工夫があり、大変手間暇がかかるので自然とコストがアップし、高額になる。だが、「価格の3倍以上の付加価値がある」が、キャッチフレーズである。だから、良心的な価格である。

「世界のブランドの仲間入りを達成したならば、ルイヴィトン並みの価格を付けるよ」と笑っている。

ともあれ高機能高級品で、生き残りを賭けていく。

その4　工場らしからぬ工場

いかにも工場らしい工場だと強制的に働かされるような気持ちになり、胸が圧迫され、出勤にもどこか抵抗感が生まれ、足が進まなくなる。だがランブールでは、ファッションビルやモダンなオフィス感覚の建物や、緑の高台のリッチな建物が工場だ……。

昭和61年に本社社屋（商品センター）、平成5年には、本社工場（生産センター）を建設した。ファクトリーパークと名付け、庭園の中の工場、工場らしくない工場を実現した。富山・石川県の地元地域で優良有名企業となり、魅力あるリッチな職場環境をつくり、良い人材を集めつづけたい。

その5　海外ではつくらない

30数年前に、日本の縫製メーカー（企業）のほとんどが韓国の縫製工場でつくらせるようになった。縫製メーカー（企業）の社長はみんな韓国に行っていて、日本には一人もいないという現象が起きた。遊びもかねて行っているとのことであった。

なぜこうなったかというと、当時「セシール」という大きなカタログ通販会社があって、縫製メーカー（企業）のほとんどが取引していた。そこの社長が、コストダウンを図るために、人件費の安い海外で生産することを奨励したのである。

しかし、ランブールは安物ではないので、初めから海外ではつくらないという基本方針があり、それを貫いている。

「海外ではつくらない、つくらせない、海外のものは扱わない」という、非海外3原則は私の言葉である。当然であるが、純国産、メイドインジャパンを打ち出している。

その後、日本の縫製メーカー(企業)の工場の拠点は、韓国から中国やベトナム、タイに移り、今はミャンマーなど東南アジア一円となった。海外に行っていないのは、ほぼランブールぐらいである。

企業は生き残りを賭けて、それぞれ特色ある経営をしているが、とくに製造業では、生産拠点を海外に移し、労働力の確保と低賃金でのコストダウンを図っている。そのため、日本では工場の空洞化が起きている。

その6　協力工場と信頼関係を築く

初期の頃、自社工場のキャパが不足していた。だから得意先開拓とともに外注開拓もした。あっちこっちで、協力工場をつくった。私の言葉に「営業は前と後ろがあるよ」というのがある。後ろは外注開拓。これも立派な営業である。

最初は、京都府の丹後(たんご)の宮津に家族でやっている縫製工場を見つけた。人数を増やして、そこでランブールの下着をやってもらった。昭和50年代から平成にかけて長い付き合いをした。

東京で出会った社長さんは、母と同い年である。山形県で東芝の下請工場の経営をやっており、地元では名士であった。ランブールの縫製を勧めた。

私は、惜しみなく縫製技術を教えた。まず、練習用の下着をやってもらった。商品ではないがまともな加工賃を支払った。そのように、どこかにきっかけがあれば駆け回った。私の方針は、単なる外注をするということではない。協力工場にするのである。

それらの工場はランブールの専属工場として、自社工場と同じぐらい惜しまずに技術導入した。今ではそのような工場は見当たらない。

たとえば、ワコールの関連工場からオファーがかかり、取引をしたことがあるが、ランブールの検査が厳しくて、修正の返品が多かった。すでに仕上がっている工場はプライドがあるので難しい。

私は「早く縫うよりも、まずいいものを縫ってください」「いいものを縫えるようになってから、スピードを上げてください」と言ってきた。

これまで自社工場と協力工場を両立してきたが、いまや国内は空洞化していて、協力工場として開拓できる工場が見当たらない。

その7　量より質を追求する

感性豊かな高機能下着は、海外ではとうてい生産不可能である。日本には、空洞化で行き場のない人たちのなかに、素晴らしい感性をもった良い人材が数多くいる。したがって、将来も十分に人材を集めることができると考えている。ランブールのものづくりは、繊細な感性をもった日本の人材に賭け、質を追求する。

その8　スーパーなど量販店には売らない

「スーパーマーケットには一枚たりともお売りしていません。これからもお売りしません」をキャッチフレーズにしてきた。もちろん量販店にもである。

当然、量より質を追求するためである。初期の頃には、ダイエーや、名前は忘れたが大手スーパーのバイヤーが来ていた。モリリンなどスーパーへ卸す繊維商社も来ていた。こういうところは、ものすごい大きな話を持ってくる。やはり、「一枚たりともお売りできません」と断った。

大量生産大量販売の安物安売り競争に巻き込まれないように守ってきた。質の低下とサービスの低下を招かない。決して、その努力を安売りしない。

その9　対面販売でユーザーの声を聞く

ランブールやナウの下着は、通販やWEB販売では売らない。普通のインナーではないからである。高機能下着なので、説明や試着をしなければ分かってもらえない。だから対面でなければならないのである。

ランブール・ナウには、歴代にわたって素晴らしい女性たちがいた。その女性たちは、商品企画開発統括部長だったり、「ナウの下着」推進部長だったり、海外マーケット課チーフだったりする。

彼女たちは、自社の下着生産の技能技術を見ているのである。いわば下着の先生であり、お店からは引っ張りだこである。やることといえば、ひたすら商品説明と試着指導。販売支援はするが、販売はしない。

販売するのは、得意先の店舗やサロンさんである。そのスタッフに、下着の基礎から導入、試着の基本を教えている。いわゆるサロン形式の対面販売を指導しているのである。押し売りをしなくても購入してもらえるように、スタッフさんには、販売のノウハウを会得(えとく)してもらう。そこで、ユーザーの要望を丁寧に聞き、商品に反映させるという経営戦略をとっている。

その10　一貫生産とワンエリア生産

本社工場では、商品企画開発から資材調達、裁断、縫製、検査仕上、出荷物流まで一貫生産をしている。また、七尾工場や津幡工場、金沢工場は、生産本部と本社工場から、すべて1時間以内で行ける。「ワンエリア工場」と言っている。工場間のスピーディな技術交流により、品質を保っている。

ボディファンデーションの付加価値を高めるのは、機械や高能率の生産ラインではできない。人間の感性でないとできない。したがって、熟練の社員による手作り生産にこだわる。18歳で高校の学卒者が入社する。10年経てば熟練工の資格を与えている。10年経っても28歳であり、若き熟練工のいる工場である。

その11　内製化

生産に関しては内製化を目指した。素材が思うような色に仕上がらないときは、生地(きじ)屋と何度もやり直して日数を費やす。それで納期が遅れる。なんとか染色工場をつくれないものかと奔走したことがある。サンプルは社内で染めているが、反物(たんもの)になると手も足も出なかった。

メーカーである以上、商品カタログがいる。ずっと印刷屋につくってもらっていたが、やはり出来栄え(できばえ)がよくない。これは、内製化をした。企画デザイン室を設けて、撮影用のスタジオも作った。大変斬新なカタログやパンフレットができあがった。得意先からは非常に喜ばれている。

モデルサロンも作り、得意先に見てもらっている。その一角にギャラリーがある。フィッティングもできるようになっている。３Ｄスキャナーで着用のビフォー・アフターが分かるコーナーもあり、理想の販売方法のヒントを提供している。

その12　社員第一とみんなを幸せにするメーカー

経営の根本思想として、母から受け継いだ考え方がある。「この人なら儲けさせてくれる」と思わせなければ、人はついてこないし、商売ではない。

相手に損をさせるやり方をすれば、人は離れていく。損をされてついてくる人はいない。

会社の経営も同じである。社員と一丸となって働けば、会社に利潤が生まれる。その利潤を公平に分配するために経営をするのである。税金も分配の一つである。環境整備や設備投資にも利潤が必要である。

その利潤で、社員やその家族を豊かにする。私は、得意先（顧客）第一や株主第一は間違っていると考える。社員第一でなければならない。経営者と社員が一丸となって働き、得意先（顧客）を大事にすればよいのである。

商売の基本は、仕入代金をきっちりと支払うことである。これまでの50年間、給料も遅配したことがない。

経営はなにかと頭を使うものだが、学問的というのか、学者的な頭の使い方ではない。やっぱり、実践的な現場を優先した考え方が必要になる。みんなが喜び、救済されるようにするにはどうしたらいいかを常に考えている。その考え方が浸透すれば、会社は存続発展する。

第一に、会社は公器であり、私物化をしてはならない。会社は何のためにあるかといえば、会社に携わっている人たちが幸せになるためにある。

設立当初は、母が経営に疎（うと）い人であったので、人任せにして、よく騙された。銀行の支店長まで巻き添えになったこともあったけれど、社長を交代させて立て直していったわけである。


以上、ランブールの経営手法について、とりとめもない文章になってしまった。もちろん私は経営コンサルタントでもないし、大学の教授でもないから、あまり生意気なことは言えない。

ただ「こだわりのものづくり＝こだわりの経営」を実践してきたのである。

こだわりは理論理屈ではない。口先ではない。実践であるという観点で書いた。

ランブールの下着の特性

その1　4つの機能

機能を徹底追及したボディファンデーション。

RANBUHL 株式会社ランブール

幸運をもたらす四つ葉のクローバー
笑顔・挨拶・元気・情熱

経営理念

一、自分たちの技術でもって、自分たちのつくった素晴らしい商品をより多くの人にそれは、お客様と自分たちの喜びにつながるのだ。

一、ランブールはメーカーの立場を貫こう。商品企画・開発・生産（製造）・販売、それは自分たちがするのだ。

一、量より質、無理な拡大をし、顧客に品質とサービスの低下をまねき信用を失うことはしない。常に最善の品質と適時の安定供給と最も適正な価格をもって奉仕する。

一、独自の研究開発と技術とアイディアと真心で、良心的で喜ばれる価値ある商品を生みだし、顧客本位の販売に徹する。

一、仕事によって自己を磨き、信用と誠意によって会社を伸ばし、事業によって社会に報いる。

経営基本方針

一、自分たちの手でランブールを伸ばそう、それは自分たちの幸せにつながるのだ。

一、積極的・安全経営を最優先し健全な安定を図り、企業の存続を第一とする。

一、企業内の全員が総力を挙げて職務に励むとき、豊かな利潤が生まれてくる。この利潤は従業員、株主、経営者、社内蓄積そして社会に公正に分配する。

一、競争は発展と成長の源泉である。目先にとらわれず虚飾を排し、５年先、１０年先の長期的視野に立って、あらゆる変化に対応でき、商戦に戦いぬけるだけの実力を身につける。

一、一つの大いなる目的に向かって、一緒に働くグループの中でほんとうに信じあえる、うるおいのある人間関係をつくろう。

一、事業は人なり、少数主義、能力主義で人間尊重の経営を貫き、そして、いつまでも若々しい不滅の会社を築き上げ、業界と地域に自分たちの会社とその事業を自分たちの誇りにしよう。

ランブールはストレッチ素材のプロ集団であり着圧の名人である。

①着心地とフィット感と運動性の追究
②ボディメイク機能の追究と、美と健康と若さの創造
③肌に快適な健康素材の追求
④先端ファッションのデザインの追究

この4つの機能により、ランブールの下着ファンデーションは、着比べると一目瞭然で実感が得られるものとなっている。

「美と健康と若さ」のトータルビューティークリエーションをテーマとしている。

その2　難易度に挑戦

ランブールのものづくりは、考えられないほど難易度が高い。後でたびたび出てくるので、ここでは3つに要約して簡単に説明する。

①立体曲線手法のパターン。
②パーツが多いこと。
③工程が多いこと。

株式会社ナウ
NOW

「ナウの下着」憲章

一、ナウは、「ナウの下着」で世界の一流ブランドの仲間入りを目指します。

一、ナウは、「ナウの下着」で本物のボディファンデーションを普及します。

一、ナウは、常に先端のニーズに応えた商品企画開発と
販売サービスで進化し続けます。

一、ナウは、「美と健康と若さ」をテーマとするトータルビューティ
ビジネスで、女性の自立・独立を支援します。

一、「ナウの下着」は、心地よいフィット感、プロポーションメイク、
ボディケア、快適健康素材、ファッションを兼ね備えた
フル高機能下着であり、その魅力を広めます。

一、ナウは、「ナウフィール」「ラヴィエール」「ナウクチュール」「クインブール」の
シリーズにより用途目的に合ったボディファンデーションを選べます。
その他にナイトシリーズやサポートアイテムや周辺アイテムなど豊富な
ラインアップがあり「専門店の品揃え」で、顧客の多様化に応えた
選択で満足できます。

一、安心と信頼のブランドときめ細かい販売サービスで、顧客の満足と喜びを
提供し、スタッフの生き甲斐と豊かさを実感できる企業を目指します。

一、「ナウの下着」の導入研修や体験セミナーでの正しいサイズの着用指導
によるフィッティングで、着用効果の実感と感動をアピールします。

一、痩身エステの仕上げは「ナウの下着」の必要性と併用効果で
サロン経営をバックアップします。

一、ナウは、歴史と伝統と感性と技術の粋を集めた、メイドインジャパンの
極上の「ナウの下着」を国内外に広めます。

これらが、精度が高く精密でなければならない理由だ。また、隠れたところに工夫がある。

工場のスタッフが泣いている。とくに裁断、縫製、検査が大変な作業を強いられる。

体形を良くして魅力的な女性美をつくるということは、着用した人が自分に誇りを持てるようになるということでもあ

る。単に外見がよくなるだけではなく、日常生活や仕事に張りができ、女性としての幸せを感じることにつながる。

ランブールは〝女性の幸せな暮らしづくり〟に貢献している。女性として、人間としての誇りが備わる。それはもう、社会貢献と言ってもいいかもしれない。

もちろん、私は経営者だから、会社を発展させるために24時間頭を回転させているけれど、単に販売のことだけを考えていればいいというものではない。それだけでは限界があるというのが偽らざる事実なのだ。

とくに、女性を美しくしていく〝美の事業〟だから、結果として社会貢献につながっているのだと思う。

経営理念

経営理念は、昭和53年6月3日に作成したが、当時はそんなりっぱな会社でなかったので掲示しなかった。水牧時代、プレハブの壁に、簡単に手書きで掲げただけである。

平成の中ごろからは、管理者研修で、配布したり回収したりするようになった。

「ナウの下着」憲章は平成29年に作成した。

社長交代したあとの令和３年12月に、ランブールとナウの壁に額にして掲示した。

当時の経営理念・経営基本方針には、次の説明が添えられている。

会社は決して経営者だけのものではなく、経営者だけでは伸ばせられない。経営者、社員、顧客、取引先、株主、業界や地域などに支えられているからであり、これらすべてに報いるのが企業経営である。

そして何よりも、社員と経営者が一体となり、一緒に打ち込めば伸ばせられるし、会社を伸ばせば、自分たちの幸せにつながる。一丸となって働けば絆が生まれ喜びを分かち合える職場になる。

自分たちで誇りを持てる企業、魅力と夢のある事業に育てようというのが趣旨である。理念は命令ではなく、自分たちが中心の会社であり、自分たちが中心の事業であるということを大前提につくりあげた。もちろん社長は最善の努力を惜しまず、全力でリーダーシップをとっていく。

経営理念には会社経営についての5つの根本を掲げた。経営基本方針にはさらに現実的な方針、確固たる経営精神のもとで実践していくことを6つ掲げた。どれ1つ欠けても本物の経営ではなくなる。全力で立ち向かっていくことを常に決意する。

関係のない多角経営はやらない。本業は女性下着であり、横道逸れず原点を貫く。

経営理念を要約すると
一、人間尊重
二、感性集団
三、100年後にメジャーの仲間入り

こだわりのものづくりをするためには、スタッフに、人間を尊重する心がなければならない。また、感性集団として、本物のものづくりができるようにならなければ、メジャーの仲間入りをすることはできない。そして、そこからが新たなスタートだという壮大なヴィジョンをもっている。

今までずっと、このような思いを抱きながら、社員さんには押し付けずにやってきた。

企画、制作、販売、経営がすべてこだわりの〝ものづくり〟

〝ものづくり〟とは、企画、制作、販売、経営までのすべてを含んだ言葉である。これがメーカーの責任である。

単に製造することが〝ものづくり〟ではない。だから、こだわりは、経営のこだわり、企画のこだわり、制作のこだわり、販売のこだわり、一連のものである。ランブールの生産部隊と営業部隊はすべてこだわりの世界をつくりあげているのだ。

生産は、商品企画開発の企画パターンメイクから、オリジナル素材を使って、機能を徹底追及したボディファンデーションをつくりあげている。

本物の着用効果を実感できるボディファンデーションは、いまや他のメーカーではつくれない逸品である。

販売のこだわり

販売ではまず「着比べてください」とお客様に話しかける。そこから〝こだわりのものづくり〟が始まっている。

販売は、メジャーリングをして下着のサイズを選び、それから試着していただく対面販売が基本である。着比べると一目瞭然で分かるのである。だから、売るためのオーバートークなどさらさらいらない。

着用して10歩も歩けば、ボディファンデーションが定位置にきて、ぴったりフィットする。そして、プロポーションメイクが実感できるのである。

また、先端をいくファッションでつくられているから、下着でプライベートなおしゃれを楽しめる。さらに、肌の健康を配慮した快適機能素材を当たり前のように使っているから、肌荒れや傷などの心配はまったく無用である。

販売は主に、痩身（そうしん）のエステティックサロンと提携、支援して行なっている。エステティックサロンでの最後の痩身エステの仕上は、ランブール（ナウの下着）のボディファンデーションである。エステと下着ファンデーションの相乗効果が大きい。

日常的に着用することで、ホームケアとしての役割を果たしてくれるのが、このボディファンデーションである。一度着用すると虜（とりこ）になるので、多くの方にリピーターとして付き合っていただいている。

製造から販売までも責任をもって対応する。全社スタッフが、下着導入から試着までを担当している。また、下着研修も各サロンの要望により気軽に行なっているので、安心感は倍増する。

企画制作のこだわり

ファンデーションが苦手の人のための簡易ファンデーションから、初めて着用する方のための初心者向けファンデーション、本格ファンデーション、最上級ファンデーションまでのさまざまなコースを準備している。

必ず満足いくファンデーションに出合える、そんなラインアップを提供できるのも、こだわりのものづくりのお陰である。もちろん若い人から高齢者まで、そしてシーズン問わず着用できるのも、こだわりのものづくりのお陰である。

ボディファンデーションとしては無いものが無い「専門店の品揃え」があり、さらに、新たなカラー展開やデザイン展開など、企画開発商品も豊富であり、他メーカーではとうてい不可能な品揃えになっている。

また、サポートインナーといって、ファンデーション周辺アイテムもラインアップとして揃えている。たとえば骨盤ベルトは、ただの骨盤ベルトではなく、骨盤リフトといって、お尻から骨盤を支える構造のサポートアイテムである。

「一日中着用し続けられるものでなければならない」が基本であり、そのためにあらゆる創意工夫をし、最適の素材を研究開発している。

さらに、夜は独自に開発したナイト用ファンデーションがある。とくにナイト用ファンデーションは業界ではナウがはじめて取り入れた。

頭のてっぺんから、足のつま先までをフォローする機能商品は、ボディファンデーション理論のこだわりのものづくりから開発したものである。特許も多く取得している。

第7章

母の個人商店と私の幼少期

母のこだわり

昭和22年ころ、母はボディファンデーションの第一歩を踏み出した。日本ではまだ着物が中心で正座が当たり前、女性は着物の下に下着はつけず、赤い腰巻をして暮らしていた。日本女性には短足、垂れ尻の人が多く、一日一日の食料を入手するのに精いっぱいで、移動手段は車ではなく、足で歩くのがほとんどという時代。

こんな時代に母は、なんと、履き心地のいい伸縮する素材を取り入れた下着を考案した。最初は、ささやかな縫製作業から始めた。これから戦後の復興とともに、西洋化の波が押し寄せ、着物から洋服に変化していき、女性もおしゃれになるだろうと読んでいたのだ。

女性には、洋の東西を問わず、また貧富の差を問わず、だれでも美しくなりたいという欲求があることは、母本人がよくわかっていて、需要はあるとの確信があったのだろう。また、日本に輸入されて、当時普及し始めたのがコルセットとガードルだった。

コルセットは西洋の富裕層で着用されていたものである。スカートを広げ、腰を細く見せるために着用していた。20世紀中盤以降は、素材の進化とファッションの変化でコルセットは廃(すた)れて、今では医療・運動補助用、一部の民族衣装を着用する際に使用されるにとどまっている。

またガードルは、年齢とともにぽっこりお腹が気になってくる女性が多いのだが、お腹まわりを優しく包みこんでお腹を抑え、周囲のシルエットを整える。さらに、お腹まわりを引き締めるだけでなく、ウエストのくびれを作ってくれるので、女性らしいプロポーションづくりに役立つ。ただ、商品の選び方を間違えてしまうと、伸縮性がなく締め付けられて、苦しくなってしまうなどという弊害もある。

母はそれらの欠点をなくせば必ず売れると分かっていた。そして、縫製を知り合いに依頼した。

時代を先取りした母

そこで何を思いついたかというと、伸縮織物で下着を作ることが浮かんだのだった。目的は腰のくびれたプロポーションになること。スカートを履いたら細くなってストンと落ちるよ、というようにハイカラさんになれるということでもあった。そこで、パターンを母自身が作って、知り合いに縫製を依頼した。

当時、その製品には適当な名前がなかった。〝ハイカラな帯〟が最も適当な命名だったかもしれない。「こんな商品名ではどうか?」といろいろ悩みながらも、きれいにくびれができる下着は必ず売れる、と母は確信していた。これから洋服の時代が来るにちがいないから、そういうフレーズやワードを使って販売すれば売れる。〝自分の道はこれだ！〟と直感したのだった。

これは本腰を入れてやらんといかんということで、個人創業と言いながら、屋号が鴨島商会、それがスタートだった。私が後日、創業の時の会社案内をつくってコメントを書いている。

そして、制作は知り合いに任せて、母は得意の販売に大阪方面へ出向いたのだった。

また〝アラッと思ったときの不安解消〟と銘打った尿漏れ対策の「サニーショーツ」は、母が発案したものだが、普通のショーツと何ら変わらない快適さで、飛ぶように売れはじめていた。

私が付き合っているある男性の母親は、いま生きていれば100歳である。私の母から生理ショーツを買ったが、当時は小矢部ではそんなものはなかったという。私の母はハイカラ商売人であった。

ある知り合いから「日本はますます高齢社会に入り、若い人が身につけて大変良いと思ったものは、必ず、年配の人にもよろこばれるようになる。私たちはそのような下着を待っている」という話を聞いたり、「現在30過ぎの女性の4人に1人は頻尿で人知れず悩んでいる」とテレビで流れていたというから、母は時代を先取りしてこの商品を発案していたのだ。

昭和36年には伸縮織帯の実用新案を取得、歓喜したのも束の間のこと、すぐに大量販売を考えて、総合商社の丸紅に一人で乗り込むなど販売に邁進した。

昭和35年ごろのこと、石川県の高松町は伸縮織物が盛んで工場が多くあった。ところが、そこのある織元は、女性用ソフトガードル向けに丸編みシャーリング織素材を考案したのだが、思うような取引先がなく、大変困っていた。母は、黒生地で腹巻状のその素材を見て、男物の腹巻にどうかと考えた。その腹巻が工事現場の男たちに飛ぶように売れたことは第１章で紹介した。

また母は、ある人の紹介で能登の機織（はたおり）工場に案内され、立ち並ぶ織機（しょっき）を前にして、伸縮する生地で女性の腹巻状のウエストニッパーを作ることを思い立った。

最初に織ってもらったのは、美しい伸びのよい生地だった。パターン作りも分からない母ではあったが、我を忘れて腹巻状のウエストニッパーや、女性のプロポーションをよくするための下着のパターンメイクに打ち込んだ。

ちなみに、ウエストニッパーには、クジラの骨を布テープに入れて、数カ所に縫い付けた。今でいう金属性コイルボーンである。それでウエストのくびれの体形を整えた。

改良を繰り返しながら販売に邁進

それから、やはり母は販売の鬼だった。メジャー一本と試着サンプルや算盤（そろばん）などを風呂敷に背負って、洋裁学校や和裁学校を訪問して、美と健康のためにと一人一人の体形に合わせた下着を販売したのだった。

その中で母は、欠点や問題が生じた場合は改良して、さらにいいものに仕上げた。

そうして腹巻状のウエストニッパーから、その名も「パンティガードル」という製品を作りあげた。

パンティガードルは今までの商品と違い、股布を付けているので、歩くと蒸れる、という声が上がった。そこで股布に、穴を開けたのと同じ効果のあるメッシュ生地を用いて「クロッチメッシュガードル」を開発し、製品化した。すると通気がよくなり、やがて業界全体が股をメッシュにするようになり、このアイデアは一世を風靡した。

また、当時のガードルやボディシェイパーには、まくり上がるという欠点があったが、交流のあった加工屋さんと話し合って、すべらない着色シリコーンをガードルやボディシェイパーに貼り付け、まくり上がらない「ノンスリップ」の商品を開発した。

女性のニーズを熟知した母

母は仕事がら、外を歩いている時はつい女性の姿、とくに後ろ姿に目が行くらしい。日本の女性のバックスタイルは、概して胴長短足で体に張りがない。美と健康のためには体型のバランスを取っておく必要があり、下着の付け方次第でずいぶん違ってくるという。

また、母は昔から1日で100人もの女性の採寸をしていたから、女性の体形については熟知していたし、多くの声を聴いていた。どんな下着が必要なのかは本能的に分かったと思う。

そうして、伸縮性のある下着が必要だと、母が具体的なアイデアを出して、基本のデザインをした。現場のニーズを分かっている人にしか作れない下着ができたのだ。

しかも、自分が女性だから、自分で試着することができる。意見は女性から女性に伝えて、それをもとに改良していくことが、基本中の基本だと思う。

つまり、母が考案した核心的価値がボディファンデーションに集約されている。大手さんもその技術を一生懸命に盗もうとしたが盗むことができず、作ることもできなかった伝説の下着だ。

それが今、ランブールに継承されている。

ただ、母がこのパターンの創始者だと言うと、お得意さんが気分を悪くする可能性もある。お得意さんはお得意さんの歴史があって、それぞれに開発した製品もあり、誇りがある。また、それぞれが未来に向かって創意工夫をしているし、お互いが協力し合っていくのが、本来の在り方だと思っている。

兄の役割

たとえばワコールの技術でも、ランブールの技術ほどではないというと、お得意さんは離れていく可能性がある。しかし、パターンはすでにランブールがすごいものを作っているから、もうそれに挑戦しようとする企業さんはなくなったといっていい。

このパターンは精密で、幾何学的なものだ。兄はそれを引き継ぎ、母と共有した。母はそれを「この辺で、あとはあんたに任すよ。その技術を自分は販売でカバーするから」と言って、兄と、今まで付き合いのあった外注さんに任せたのだ。

しかし､兄は「販売でカバーしちゃいけない。技術をおろそかにしては駄目だ」という。

もちろん、母が始めたときは、女性のボディファンデーション、機能下着の最先端のものを作りたいと思い、母自らがパターンを作ったわけだ。普通は、自分が考案したなら、それを突き詰めてデザインし、縫製もして、販売は他の人が担当することになるけれど、母の場合は、デザインと縫製を他の人に任せた。もちろん、母は現場の声を聴いているし、いち女性として自分の体で試すこともできるから､いろんなアイデアや企画は持っていた。

ランブールのものづくりは、女性が考え、企画して、女性が作る、ということがベースにある。私も、女性のための ビジネスは男性にはできないと思っている。だから制作部へは行かないことにしている。

ただ兄は器用で、精密な図面づくりなどは得意だから、ランブールの技術を守り、高める役割があったと思う。

〝こだわりものづくり〟は幼少期から

母の稼ぎで父は多少の贅沢をしていた。それは子供心にもわかった。小矢部地区は田舎だが、父は電気蓄音機をもっていて、レコードを聴いたりした。自転車もピカピカで、赤や青のライトをつけて、一生懸命磨いていた。

当時はみんなボロボロの服を着ていて、食べるものは芋や麦飯が中心の貧乏な時代だったけれど、母のおかげでうちは裕福だった。

しかし、母はほとんど家にいなかった。当時私はわんぱく盛りで友達とよく遊んでいたから、母がいないことを格別寂しいとは思わなかった。しかし、一、二度〝いつ帰ってくるんかな〟と、大通りまで出て行ってウロウロしたことを覚えている。やはり母にいてほしいという気持ちが根底にはあったのだ。

ランブールの〝こだわりのものづくり〟の源流には、もちろん母のこだわりがあるが、実は、私も幼少の頃から〝ものづくり〟が得意だった。

手先が器用で何でも自分で作っていた。小学3年生の時に父は亡くなったけれど、その前に子供向けの雑誌を買ってもらったことがある。雑誌の面白ブックには付録がついていた。ある号の付録は幻灯機（げんとうき）セットで、作り方の図もあった。その通り作ったら、その通りの幻灯機になった。コンセントに差し込みスイッチをつけたら、ちゃんと電気がついたのはうれしかった。

父は器用であった。しばらくしてその幻灯機が壊れてしまうと、父は台所の流し台やシンクを作るのに使うブリキの板を加工して、付録に付いていたレンズを付けて、同じものを作ってくれた。レンズの焦点を調整する伸び縮みをする筒は精密に作られていて、フィルムが壁紙にきれいにはっきりと写った。紙の幻灯機からブリキの幻灯機になった。自慢の幻灯機として長く楽しんだ。

父は大きな物置小屋を自分で建て、家の門なども作った。これはもう大工仕事といってよかった。友達を呼んで、その門の屋根にみんなで登ってよく遊んでいた。本当に楽しかった。

兄と私の器用さは父ゆずりであった。

先生が驚くほど、絵は上手く描いた

小学生のころ、図画工作で、先生の顔を描く授業があった。私は〝やった!!〟と勇んで描いた。その絵を見て先生はびっくりする。それくらいうまかった。明らかに他の子供と違っていた。当時のことが今でも私の脳裏に焼き付いている。

とくにデッサンなどを先生について習ったことはなかったから、天性のものだったんだと思う。人物の顔や、動物、風景画など、なんでも描けた。

長じて福井工業大学機械科に入学したが、自分の期待したことは学べず中退した。そのとき、なんとなくだが絵描きになろうかと思ったことがある。将来自分が絵描きになった姿を想像しながら、それも一つの進む道かなとおもった。自分で言うのはどうかとは思うが、私は感性があって、手先が器用だったので、絵を描くだけではなく〝設計でもやれるな〟と考えた。だから、絵画（かいが）と建築の二つをやっていた。

画家に師事しようとしたが絶望

絵もかけるけど、絵描きになるには実践しないと難しい。京都にいる母方の叔父さんが染色をしていて、「画家も知っているよ」ということだったので、だれか絵の師匠になる人と出会いを作ってほしいとお願いして、そこへ行って10日間ほど滞在することにした。

また、叔父は染色の仕事の関係で美術大学の先生も知っていたので、美術の大学に行くのも一つの道かもしれないと言われた。しかし、大学で4年も学ぶというのは私にとっては道のりが遠すぎた。自分では大学生並みの腕はあると思っていたから、大学であたら4年間を過ごすのは無駄な時間に思えたのだ。

そこで叔父さんの知り合いの画家のところに連れて行ってもらったのだが、見るも無惨な暮らしだった。本人は、まるで乞食（こじき）だった。家族は5人いたけれど一間にみんなで住んで寝起きしている。その一間の3畳くらいを自分の仕事場にしている始末。

それでいい絵を描いていればまだしも、どういったらいいのか、漫画に毛が生えた程度のものだった。生活の糧として描いていたのだろうけれど、当時人気だった漫画のオバQを真似た絵だった。しかし100％真似したら著作権に引っかかるということで、頭のてっぺんの毛が3本のところを1本にしたり、鉄腕アトムの角が2本あるところを1本にしたりしていた。鉄人28号も描いていた。そして彼は自慢たらしく「世が世であれば自分は大成していた……」などと言うものだから、「こんなところに居れるわけがない」と、小矢部に戻ってしまった。その叔父さんは追いかけてきて、母のところにしばらく一緒に住んでいた。

会社を経営しながら絵は描けない

そうこうしているうちに、2章で書いたように、ランプールを手伝うようになった。「そんなに絵を描くのが好きで上手いなら、ランプールの仕事をしながら趣味で描いたらいいじゃないか」と思うかもしれないけれど、経営に集中すると、絵を描くという意識はまったく浮かばなかった。

やはり、ランプールの経営に携わってからは、社員さんが優先だったし、頭の中は経営のことでいっぱいだった。だから、会社経営の合い間に絵を趣味にすることはできないという結論だった。

つまり、絵を描くなら本格的に描かなければ気が済まないから、中途半端にはできない。絵を描くということは、私にとっては趣味の範疇(はんちゅう)で終えることができない類のものなのだ。だから、おのずと会社経営に集中することになる。経営を中途半端にしておいて絵を描くことに没頭してしまったら、みんなはすぐに気づく。

自分が会社の先頭に立って走らないと会社はおかしくなる。一番敏感なのは社員さんだから。

ちなみに、デザイナーはスタイル画は描くが、絵のセンスはない。よくデザイナーを美術展に連れて行くが、絵には興味がない。デザインと絵とは別だと知った。

趣味は自然に親しみ絵画を鑑賞すること

絵を描くことをしない代わりに、休日などには気分転換も兼ねて、釣りとか登山とかに行くことが多い。私は自然が大好きで、山に入って渓流（けいりゅう）でイワナ釣りをよくする。また、そんなに高い山ではないけれど、木々の緑の中を登るのは素晴らしい。ゴルフはあまり好きではない。そもそも人と競争するのが好きではないからかもしれない。

絵を描くことはしないが、絵画鑑賞は大好きである。多少のコレクションもするようになった。

コレクションというと、時代の先端を行く有名な画家の作品や、将来値段が上がると目される作品を、画商から勧められるままに購入する、いわゆるコレクターと呼ばれる人がいる。買った絵を飾って鑑賞することもなく箱の中に入れたまま、倉庫の肥やしにしているというコレクターは多いだろう。

しかし私は、絵は鑑賞するものだと思っているから、絵を購入すると必ず壁に飾っている。自宅の居間や寝室、玄関など、今は飾る場所がないほどになっていて、少し会社にも飾るようになった。

　ともあれ私は若い頃から多感だった。

鮎釣り

　鮎（あゆ）釣りのことを少し書きたい。イワナ釣りは登山の一環でやるが、鮎釣りほど面白い釣りはない。

　高校の時、岐阜の叔父の家へよく遊びに行った。岐阜には長良川があり、鮎釣りの本場である。

　その鮎釣りは「友釣り」である。郡上踊りの郡上の吉田川や飛騨川にも行った。

　小矢部では子供の頃からアユを釣る人はいたが、それは毛バリ釣りである。

　加賀の毛バリは有名であったが、毛バリ釣

イワナ釣り

りには醍醐味（だいごみ）はなかった。

岐阜の叔父に習った友釣りを、地元の神通川で始めた。当時小矢部で友釣りをやる人はほとんどいなかった。

アユのおとり缶（種缶）はいち早く川に行き沈める。アユを持つときはまず手を川水で冷やさなくてはならない。それはおとりアユを弱らせてはならないということである。そしてへち（淵）から順番に釣りながら流心に入ること、竿は川に垂直に置くことなど、叔父に鉄則を教わった。その後、鉄則は経営に活かしている。

鮎釣りにはかなり夢中になっていた。おとりアユが何をしているかが、竿から手に伝わる。おとりアユと縄張りアユとの駆け引きの繊細さ。掛かったとき、おとりアユと掛かりアユの2匹を釣り上げるが、竿がしなり、下流へ下って取り込む豪快さ。友釣りにはこういう醍醐味がある。

立山に単独行

当時は釣り人もあまりいなかった。

友釣りのアユは天然アユで、コケの香りを漂わせている。養殖のアユと違うのである。高級料理屋さんでしか味わえない。

海釣りの魚は、魚屋で買えるということでやらなかった。イワナも魚屋に出ていない。

今ではすっかり内容を忘れてしまったが、昭和38年発行の友釣りの本がある。読みあさってボロボロである。

今、川は友釣りの釣り人でごった返している。自然を味わう余裕もない。また、やり方も近代的になり、道具や仕掛けも違う。釣れるとその場で宙抜きして玉網（たも）に入れるのである。何かスポーツと同じである。

槍ヶ岳山頂

第8章

ランプールの下着はどんな下着か

マリー・アントワネット

18世紀のフランス王妃であるマリー・アントワネットの姿といえば、王侯貴族の象徴として、日本人にはなじみが深い。細い腰と大きく広がったスカート。マリー・アントワネットのスタイルは、ヴェルサイユ宮殿の栄耀栄華(えいようえいが)とともに世界に広がり、女性のあこがれの的となった。

マリー・アントワネットは、オーストリアとフランスの政治的同盟のため、いわゆる政略結婚でルイ16世のもとに嫁いだ。しかし、１７８９年のフランス革命によってフランスは民主化され、その後の１７９３年1月、ルイ16世は処刑された。続いてマリー・アントワネットも同年10月16日に処刑された。

マリー・アントワネットのようなプロポーションになりたいと、日本でもそのスカートは広まった。ところが、それは簡単に着用できるものではなかったのである。紐で腰回りをギュッと締めるものだから、きつくて苦しい。

そこで母は「そんな辛いことはやめてちょうだい」と。しかし、腰回りを細く見せる下着は、日本の女性には絶対に必要だからと、別の方法を考

マリー・アントワネット

えた。

教科書や先生のいない下着づくり

現場の販売で多くの女性の声を聴いていて、母は、腰回りを細く見せる下着、しかも、きつくなく肌にやさしいものをつくれば絶対に売れると確信していた。今の言葉でいえば、母は〝マーケティング〟をしていたのだ。しかも無数のサンプルを頭の中に入れていた。

新しいことをはじめて事業化するには、教科書や先生が必要であるが、ランブールが事業として取り組んできたボディファンデーションには、教科書も先生もいなかった。しいて言えば、母が先生であり教科書である。母の頭の中を整然と整理した教科書はなかったけれど……。

先生（母）の頭の中にある情報をプリントアウトして教科書として見ながら学び、実践し形にしていく立場で、私はランブールの責任を持つことになった。しかし、私は鴨島外子という人物の息子であるから、二人は親と子であり、しかも、息子の私は男である。女性下着の仕事を承継するには致命的であった。

しかし、子供の頃から、なんとなく母のやっていることを見ていたことは不幸中の幸いであったと思う。

洋裁学校にもないノウハウ

母が、自分でつくったボディファンデーションを洋裁学校に売りに歩いたことが、ランブールの下着づくりの原点となっている。だから、私は社長に就任してまもなく、文化学園大学や文化服装学院を訪ねることにした。

それらの学校には服飾専門課程やファッション専門課程などがある。ファッションに関してはすべてを網羅（もうら）している総合学校である。

テキスタイルや服づくりの基礎、多様なファッション業界を支えるためのデザイン、技術、流通。訪ねてみて、卒業後に服飾関連の仕事に就くための、非常に優れた学びの場となっていることを感じた。

細かいところでは、帽子デザインやジュエリーデザイン、バッグデザイン、シューズデザインといったコースがある。しかしながら、ボディファンデーションというコースはないのである。

下着に関しては、ランジェリーやレディスインナー、ファッションインナーのコースがわずかにあるだけ。しかし、それらは私の括（くく）りでは〝肌着〟である。つまり、服づくりを応用すればできることであり、既存のコースに組み込んで、少しの時間学べば事足りるのである。

また、アウターとしては高度なパターンメーキングであっても、ボディファンデーションのパターンメーキングとはまったく違う。縫製(ほうせい)技術も違う。学校では、それらの技術検定の修了をサポートしているが、そのような技術を習得してランブールに入社しても、まったく通用しない。

ボディメイク機能を追求

服飾デザインはアウターである。アウターは、シルエットを表現するデザインであり、そのデザイン画は我々のものとはかけ離れているのだ。

デザイン画のモデルは身長１８０センチと日本人離れした体格である。つまり、本物より背が高くて美しいプロポーションでデザインされるのだが、そんなデザインの服を一般日本人が着ても、まったくフィットしないし似合わない。

私は、ランブールのボディファンデーションを、分かりやすく「下着ファンデーション」といっている。

「ファンデーション」のもともとの意味は、「基礎、土台」である。今日、この言葉は３つの分野で使われている。

１．体形や衣服の外形を整えるための女性用下着類。

2．素肌を整える化粧下地。メークアップのベース。
3．油絵の下地として塗る白絵具。キャンバスの地塗り。

我々のパターンは、現実の女性のヌード（肉体）にピッタリ沿ったものである。それは難しい作業であり、一歩間違えれば、スタイルを整えるどころか、悪いままで固定する下着をつくってしまう可能性がある。

しかしランブールは、女性のプロポーションを整えるという不可能にも思える技に挑戦している。すなわち、ボディメイク機能を追求しているということである。

“美と健康と若さ”を創造

アウターは、女性のヌード（肉体）より少し余裕がある。当然、ヌードにピッタリ沿ったパターンをつくるほうが難しい。しかしランブールは、その厳しい条件のもとで、機能を徹底追及している。

その機能はボディメイクだけではない。体幹をつくり、背筋を伸ばすとか、身体に心地よいプレッシャーを与えて内面にハリをつくるとか、アウターを美しく見せるとかの役割も果たしている。それによって「美と健康と若さ」を創造しているのである。

なぜ健康にもいいのかというと、たとえば、遠赤外線を発する健康素材なども取り入れている。このような素材には、身体を内側から温める効果があり、健康に寄与する。

私は「ボディファンデーションで身体を包んで、プライベートのファッションを楽しんでください」といっている。

ハードな素材でソフトにつくりあげる

ボディファンデーションを制作するのは至難の業で、前述したようにスタッフは泣いている。パターンメイクから縫製など、すべての制作が難しくなるのは、ストレッチ素材を使うからである。

ストレッチ素材、つまり伸縮する素材を使って、ある程度締め付けなければ、ボディメイク機能は得られない。しかし、すぐれた技術がなければ、単なる締め付け下着に終わる。「きつい、苦しい、辛い」だけで、１時間も着用できない代物になってしまう。

「補正下着」という言葉にはこのような負のイメージがある。だから、私は「補正下着」と言わず、「機能下着」と言ってきた。

このような「補正下着」の弱点を克服するために、ランブールでは、着ごこちを徹底して優先している。そして次にフィット感。

着ごこちとボディメイク機能は反比例する作用だが、当社のスタッフは高度なパターン技術を用いることで、それを克服している。「ハードな素材でソフトにつくりあげている」

と言い換えてもいいだろう。ボディファンデーション一筋で74年間培った伝統と技術と感性があるからこそ、このような極めて難易度の高い製品をつくることができるのである。

ランブールのボディファンデーションはまさにハイテクである。

下着づくりの実践

ランブールの経営に携わるようになって最初の課題は、ものづくりと同時に「経営」を確立しなければならないということだった。

だから、ものづくり体制の確立と、経営に必要な情報収集と、事務処理制度の整備を同時進行で行なった。

株式会社である以上、収益を上げていく必要がある。そのためには、まず、何を売るのかを決めなくてはならない。売るものがなければ事業として成り立たない。ランブールは、その売るものをつくるところから始めなければならなかった。それも下請ではなく、メーカーの立場でつくるのである。

いいものをつくるためには何が必要かと考えて、まずは「独自のこだわりで差別化した下着ファンデーションが求められている」という結論を出した。そこから商品づくりを始めた。

日本一小さなメーカーだが生産技術は日本一

そこで、スローガンを掲げた。会社と商品のコンセプトを的確に表した言葉として提示したのが「日本一小さなメーカーだが、生産技術は日本一」である。

日本一の生産技術を確立するために、完璧な技術技能を工場に注入しなければならなかった。それが、私の最も中心的な使命だったといってもいいだろう。鴨島商会にはすでに兄の理論があったが、それはパターンメイクの理論であり、会社や商品の理論ではなかった。パターンメイクに関しては、兄の理論を聞いていたので、それを踏襲（とうしゅう）した。

ボディファンデーションの技術書は皆無

母は、商品を下請の工場につくらせていたので、まわりの人は、モーターの回転数やプーリーとミシンの速さの関係のことなどを私に聞かせるだけで、その製造技術は教えてくれなかった。というよりも、あまりにも複雑で高度だから、口頭では教えることができなかったのだと思う。

工場も何軒か見て回ったので、おおよその製造技術は想像がついたのだが、当時は、その仕様書などは本として出版されてはいなかった。それでもいろいろと調べると、昭和52年7月に「縫製機械化便覧」という本があったので入手した。縫製能率研究所が編集し、東京重機工業㈱が発行した本である。

その中に、ボディファッションという名称の紳士服や婦人服を、機械で縫製する方法がわずかながら掲載されていた。しかし、当時はやっと大手アパレルメーカーが台頭したころであった。それらのメーカーが扱っていたのは、市場に出始めた背広といわれる紳士服や、ワンピース、スーツなどの婦人服などだった。その当時は、ほとんどの作業が機械化されておらず、服といえば職人さんが仕立てるものだったのである。

だから、専門書や技術書がほとんどなかったのも当たり前だった。そのころ、社団法人・日本ボディファッション協会が設立されたが、これはランジェリーを中心とした下着のメーカーが設立した協会だったので、当然のことながら、ここにも、ランブールが目指していたボディファンデーションはなかったのだった。

裁断の許容範囲は誤差0ミリ

当社には「加工仕様書」と「工程分析表」というものがある。裁断や縫製の規格書などである。昔は手書きであった。

これらは、他社にはない独自の創意工夫によってできている。ランブールは形式や前例にとらわれない一匹狼だから、独自のものができたのである。

ところで、ものづくりには許容範囲がある。たとえば、裁断は型紙通り精密に切ること、また縫製は、裁断通りに精密に縫うことが基本原則である。

ところが、いくら精密に切り、精密に縫うといっても、裁断した裁断品や縫製した縫製品には許容範囲がある。気候条件や部屋の湿度、布の性質による伸び縮みの違いなど、場所や時間によって、製品の状態は微妙に変わってくる。だから、それまでは、あらかじめ許容をプラスマイナス何ミリと決めて、仕様書などに表示するようにしていた。

しかし、私は、それを認めなかった。許容は０ミリと決めたのである。結果的には、どうしても０・５ミリや１ミリの誤差が出るのだが、かなり精度が高くなる。許容０ミリとすることで、技術の向上を図ったのである。

１ミリや１・５ミリの誤差が出てしまうと、縫い合わせの接ぎ個所が６カ所あれば、全体として６ミリから９ミリの誤差か生じ、サイズの保証が危うくなる。やはり０・数ミリまでが限界である。

ちなみに、ワコールは初期の頃、裁断の許容は１ミリとすると宣言した。１ミリ以上の誤差が出てしまっていたからである。

余談になるが、高岡のベビー服は、足の部分を角ばった形でカットしている。そして、その部分は縫製のメス付きミシンで丸く縫っている。許容範囲といえるほどに厳密ではないが、それで済んでいる。なぜなら、赤ちゃんは文句を言わないからである。

鉛筆・はさみ・ナイフにもこだわる

初期の頃は、原型を厚紙に写して、それをハサミで切って型紙をつくっていた。原型を写すのには鉛筆を使った。ユニーの2Hという固い芯を、5センチ丸出しして細く削っていた。原型が膨らまないよう、できるだけ同じサイズに写すためである。つぎに、原型を写した厚紙をラシャハサミで切るのだが、鉛筆で描かれた細い線の真上を切らなくてはならない。カーブなどは息を止めて切るのである。

1つのアイテムには様々なサイズがあり、サイズごとにパーツをつくるので、1アイテムにつきパーツは2000以上にもなる。大変な作業である。兄が原型をつくると、その原型で型紙づくりをするのだが、私と弟でこの作業をやっていた。

裁断工場では、型紙に沿ってバンドナイフで切っている。その許容範囲が0ミリだから、型紙どおり隙間なく切っていたのである。裁断のあと、ナイフで型紙を削ったところや、擦り減ったところをチェックし、減った型紙は廃棄する。そして、また原型を写して新しく型紙をつくりなおすのである。

ハサミにもこだわった。大阪の名刀鍛冶・河内守国助の店のものを使うのである。

染色の難しさと厳しさ

初期の頃、色は自分たちで染めていた。当時のレース屋さんは、細かく色を指定しても、おおざっぱな色しか出してこなかった。修正を依頼しても、再度出してきた色はブレている。だから、とうてい高級品にならない。

当時から、ダイロンという染料があった。20色ぐらいで単色では使えない。これらを混色して思い通りの色に仕上げるのである。

コンピュータは10万色を使い分けられるといわれているが、人間の目はそれ以上の色を識別できる。

色をきっちりと思いどおりに出すのは〝色恋も含めて難しい〟と冗談を言っていた。

最近では、弊社はサンプルの色を出すだけであり、本体生地やレースの編立(あみたて)工場が、染色加工場に依頼して染めるのだが、一度では思いどおりの色になることはない。

ビーカー染めといって、試験染めのものを色見本として出してくる。ランブールの審査は厳しく、なかなか合格しないのである。５、６回やっても決まらないのが普通で、色の決定だけでも1～2週間はかかる。他のメーカーとは比べ物にならないくらいに厳しい基準でやっており、決して妥協は許さない。

この厳しい基準を貫いてからは、テキスタイルやレースメーカーは、文句を言わなくなった。業界のレベルアップにも繋がっているのだ。

ただ、染色には堅牢度（けんろうど）という基準がある。1級から5級まであって、一番上の5級というレベルでも、洗濯すると色が出たり、色が落ちたりする。

これは、色の濃度によっても違うのだが、弾性ポリウレタンという伸縮糸はなかなか染まらないのである。生地にはその他にもいろいろな糸を使っているから、とくに洗濯後の変化が大きい。また、副資材も多く使用しているため、色落ちの原因が何かも分からない。

洋服の資材は種類も少ないので、ボディファンデーションより問題が少ない。

ランブールは業界の最高水準の技術でやっているので、これ以上は要求できないが、ナウの化粧品部門では、専用の洗剤もつくっている。また、洗濯するときにはネットを使用し、手で押し洗い、陰干しするなど、取扱いの説明は丁寧にしている。とくに弾性ポリウレタンは汗などに弱いので、こまめに洗濯することを奨励している。取扱いさえよければ長持ちする。

なんといっても安物ではなく、高級高額品だから、長く着用していただきたいというのが、メーカーの姿勢である。

ナウの下着は、カラーバリエーションが豊富で、しかも先端カラーで新色展開している。

業界では、ともすればアンティークとしての価値があるのかもしれないが 古臭い下着を出しているところがある。負け惜しみに、いいものは「ロングラン」と言っているが、要は新しいものをつくれないのである。パターンを変えると、大変なひずみが出て、今までの着ごこちがなくなる。当然代理店や顧客が拒絶する。だから怖くて開発ができず、デザインを変えられない。カラーも変えられない。新しいデザインでこそカラー表現が生きてくる。だから、古臭いロングラン商品にならざるを得ないのである。

神技のパターンメイクとサイズの保証

パターンはすでにあるパターンを応用してつくるのではなく、ゼロからつくる。すでにあるパターンを応用すると、新奇性のないデザインになってしまうからである。

だから、パターンメイクは、ゼロからの作業になる。先にイメージサンプルをつくるためのパターンを引いて、サンプルをつくる。これを試着したり、数人でモニタリングをしたり、何回か修正して決定するのである。それからいよいよ新企画商品のパターンをつくる。標準にするサイズを決めて、ホストパターンを引く。

このホストパターンからグレーディングする。これらはトレーシングペーパーやパターン用紙に引くのである。カップものであれば、アンダーバストが65㎝・70㎝・75㎝・80㎝・85㎝・90㎝・95㎝、さらにトップバストがBカップ・Cカップ・Dカップ・Eカップ・Fカップまである。これだけでサイズが35通りになる。ボディスーツやロングブラジャーはさらに着丈のサイズが加わる。これらのサイズをグレーディンクするのであり、まさに神技といっていい。

私の言う「サイズの保証」とは、中心サイズだけについて言っているのではない。グレーディングしたサイズについても採寸通りのサイズを保証しなければならない。だから、一番大きなクイーンサイズでも採寸通りであることを保証する。そうでなければ、下着を選ぶことができない。

ガードルは、ウエストサイズが58㎝・64㎝・70㎝・76㎝・82㎝・90㎝・98㎝の7通りある。スタンダードガードルやロングガードルなどの着丈もある。

ショーツだって、M・L・LL・EL・Q・EQの6サイズがある。

プロポーションメイクやボディメイクはトータルで体形を整えるものなので、その他に、各アイテムがある。

そして、これらのパーツもある。パーツ一つ変えるのも大変である。一歩間違うと、ひずみが出てフィットしなくなるからだ。

このように、新商品をつくるのには気の遠くなるほどの作業が必要となる。

ちなみに、ナウの凝ったブラジャーは36パーツ、工程数147、簡素なボディスーツでも46パーツ、工程数105ある。ガードルで30パーツ、工程数74である。

このようなパーツ数の多い裁断、工程数の多い縫製を行なっているのは、ボディファンデーションだけである。

その上、これらのパターンは立体曲線パターンであり、表裏の形状が違うカーブをあわせて縫う必要がある。また、随所に工夫があるので、驚くほど難易度が高い。

昔は原型や型紙はすべてハサミで切っていた。いまではスキャナーやプロッターという機械があり、ハサミを使わなくなっている。しかし、機械を使うということは、自動化するということではない。あくまでも機械は人間が道具として使っている。

サンプルや立体形状研究などでは、昔と同じくハサミで切って形をつくっている。昔兄が行なっていたように、薄紙を切って、そのパーツをスコッチテープで貼り合わせて、立体形状の模型をつくっているのである。

最後の仕上の縫製は、正確に縫わなければならないのと、前身頃、後ろ身頃、脇身頃など、それぞれ曲線が違う立体曲線であるので、難易度が高く、みんなは泣いている。大変高度な縫製である。

ちなみに、サイズは、生地の伸び縮みにも影響を受ける。反物（たんもの）は巻いてくる。巻き圧によるプレッシャーがかかっているのだ。だから、すぐに裁断すれば、生地は縮む。それを防止するために、反物は開反して、2日から3日は放置しておく。これを「放反」といっている。他メーカーの安物は待ったも火ばしもなく裁断している。自動延反機はあるが、使わない。

このようなことも工場見学で説明するのである。このように手間暇とコストを掛けているのだ。

それを知ってか知らずか、無頓着に安売りをする幹部営業がいて頭を悩ましている。ランブールの経営は、経済学の理論とは違うのである。

「付加価値が価格の3倍」だから「良心的な価格」だと言っている。

この大変さを説明せず、言うなり営業をするから、数千枚の小ロットOEMになってしまう。まさに「貧乏OEM」だ。これで売上を上げたといっているが、とんでもない営業だ。だから、私が初期からやってきた「企画営業」を奨励したが、右から左である。

企画営業とは、すなわち、ものづくり営業である。

ナウはOEMではないので「販売営業」といって使い分けている。いいものを広めて販売すればよいのである。

採寸の重要性

サイズはぴったりフィットさせるのが根本原則である。しかし、女性に直接だから〝ものづくり〟の段階でサイズを保証しなければならない。言われたとおりのサイズを提供すると、サイズを聞くと、自分のサイズより小さく言う。だから、下着のプロが採寸をすることが重要である。窮屈だとか痛いとかの弊害が出る。

ランブールには、専門のスタッフがいて、サロンさんに採寸の仕方を教えている。

採寸は対面でしなければならない。外形を正確に測るだけでなく、女性それぞれの肉付きと肉感も考慮する必要がある。柔らかいとか固いとか、あるいは好みや要望などがある。ワコールはナビで対応しているが、やはり、対面でなければきちっとしたサイズを選べない。

だから、プロがその女性のサイズを選ぶのが、必須のことだと考えている。

大昔は、ワコールでもAカップとBカップで7サイズしかなかった。Cカップなど大きなサイズは外資系のトリンプにあった。母はCカップまでつくった。それ以上大きなサイズが欲しい人には「トリンプへ行きな」といっていた。

もっとも、母の時代は栄養不足のこともあり、ふくよかな体形の人が少なかったのである。

しかし、時代が進むとサイズが多様化してきたので、私が責任を持つようになると、初めからフルサイズを揃えたのだった。スーパーマーケットとはっきり差別化したのである。

ガードルなども、S、M、LとせいぜいLLぐらいまでのサイズしかなかった。ボディスーツのサイズは30サイズ以上もあるのに、である。だから、ランブールはフルサイズで対応した。ウエストで100センチを超えるサイズも準備した。

つくる方も大変で、売る方も大変だが、これこそが〝こだわり〟である。

海外でつくらない・つくらせない・海外のものは扱わない

ランブールの下着は地元の繊細な日本人女性が、きめ細やかにつくっている。中国などでの海外生産はとてもできない。

かつて「セシール」という下着のカタログ通販の会社があり、日本中の業者がそこと取引をしていた。そのカタログの表紙はじつに立派なもので、きれいな女性の、王冠をかぶった写真が掲載されていた。まるで女王であった。ダイヤモンドや宝石をちりばめた王冠は、2億円をかけてつくったものらしい。これでカタログに掲載されている下着の高級感を演出しているのだ。

ところが、実のところはコストダウンを図っていたのである。日本でつくるより海外でつくった方が安いということで、セシールは海外生産を奨励した。海外といえば当時は韓国であった。その結果、日本のメーカーの社長はみんな韓国へ行ってしまい、日本にはほとんどいなくなった。もちろん、韓国へは遊びも兼ねて行っていたのである。

しばらくして、海外生産の拠点が韓国から中国に移って、メイドインチャイナになった。とくに量販店の製品は、すべて中国製になった。「安かろう 悪かろう」である。時代が進むとともに、少しずついいものをつくるようになっていったが、それでもランブールの足元にも及ばなかった。また、それらの下着はランブールの下着とは用途目的が違うのである。

私は「海外でつくらない、海外でつくらせない、海外のものは扱わない」の非海外・三原則を初期の頃から掲げて、貫いた。

ただし、販売は海外でもよいのである。いいものだと理解してもらって、代金を払ってもらえばよいのである。

海外の工場見学で見たこと

昔、商社の蝶理の部長が来て、私に「今では海外でもいいものをつくっているよ」と、考え直すように言ってきたことがあった。「では、海外の生産現場を見てこよう」ということで、その部長とランブールのスタッフを連れて、中国やタイを回ってきたことがある。現地でランブールの下着を見せると「ノープロブレム（No problem）、つくれます」と言う。

ボディファンデーションといっても、ブラジャーやガードルは、ふつうのインナー（ランジェリーなどの肌着）と同じ形をしていて、ぱっと見では違いはわからない。表面だけを見ると、やれると思うものである。

そのあと、ランブールの得意先が安く上げようと、同じ商品を中国でつくろうとしたことがあった。ところが、ランブールのサンプルを見せると、中国のメーカーの社長は「これはまったく縫えない」と言ったという。隠れたところで随所に難易度の高い工程があり、そこで行き詰まってしまうので、流れないのである。

我々が見学していると、ブラジャーが積まれたところで作業員が身体を横たえて休憩していたり、ミシンを前にして女性が化粧をしていたりと、まず日本では考えられないような光景を目にしたのだった。また、縫製するスタッフの人数に比べて管理者が異常なほど多くいて、縫製スタッフの半数にも及んでいた。掃除も行き届いておらず、ごみやほこりがあちこちに散乱している。

見学を終えて蝶理の部長は「鴨島社長の言うとおりです」と、私のものづくりの姿勢を認めてくれたのだった。

訪問販売とネットワーク販売の隆盛と衰退

母の販売は、紡績などの職域や洋裁学校への訪問販売であった。母は兄弟などでグループをつくり、けっこう売った。

私は、メーカーとしての立場でどのような販売をすればよいかを考えた。母と同じ売り方はできないし、といって、小売店に売っても商売にならないので、当初は繊維問屋(せんいどんや)にこちらのデザインを持っていった。問屋はそれをうまく捌いてくれた。あるとき、東京の日本橋の久松町の晃装という会社でガードルを取ってもらった。こちらのデザインであった。繊維問屋と思っていたが、そこの会社は、青森県一円で訪問販売をしている会社だったのだ。

世の中広いもので、静岡にもネッフルという訪問販売会社があった。下着専門の販売会社があっちこっちにあったのだ。

繊維問屋は下着専門ではないので、力が入らなかった。訪販会社としては、神戸にはシャルレがあり、滋賀県の栗東にはアパレルという会社があり、奈良の八木にはマルコという会社があった。シャルレに行くと、メリヤス調の安物（値段はそこそこ）の要望があったが、やらなかった。

狙いを定めたのはマルコとアパレルである。商品サンプルをつくって提案した。そこそこのまとまった量であった。すでにそれぞれの訪販システムでドアツードアで販売していた。

小口の小売店に卸してもわがままを言われる。だったら大口のほうがよい。そこで、訪販会社を得意先にしたのである。母も訪販に一生懸命説明して売っていた。初期の訪販会社だったので、ランブールの下着は斬新でよく売れた。

ところが、大口になると、こちらのデザインを独占したいと言いはじめる。同業他社へ売ってはならないということである。

やっとの思いでオリジナルをＯＥＭにすると、喜ばれた。そこで相手先ブランド、ＯＥＭというのが分かったのだ。その商品はもはやランブールの商品ではない。相手先の商品なのである。

ＯＥＭは相手の要望要求があり、つくるのは難しいが、ランブールにはその技術があった。業界では、ランブールのものづくりが高く評価され、あっちこっちからオファーがかかった。私は引っ張りだこ、有名人になっていたが、あやしいところへは行かなかった。


手当たり次第にどこへでも行くメーカーがあり、「ダボハゼ」と言われていた。その会社は小矢部市にあり、ランブールでも取引をしていたので、同年輩の幹部と付き合っていた。その会社はあっちこっちの会社と取引していたが、得意先が倒産して貸し倒れが発生すると、その都度私は「付いてきてほしい」と言われ、債権回収の手伝いをした。

その中で、「スワニー」という新しくできた訪販会社とＯＥＭ取引をした。当初吹田市にあったのが大阪市に進出して、５階建てのビルを建てた。

スワニーの訪販組織は全国に広がっていて、表彰式などのイベントでは全国から女性が集まる。彼女たちはものすごいオシャレをして来るのである。そこで私は「スタッフの女性がモデルになって、ファッションショーをやれば、下着のよさが分かるんじゃないか」

と提案して、取り入れられた。その後、そのようなファッションショーを、それぞれの販売会社で行なうようになった。華やかさはテレビドラマに負けないくらいである。

　親分肌の社長は、出身地の男の人を多く採用し、ゴルフまではよいが、海外で豪遊をしていた。また、この社長は、東京で失敗していた。「東京が駄目なら大阪があるさ」と言うような根無し草集団である。社長をはじめ、一獲千金を夢見ている山師集団なのである。だから私は「のめっては駄目だ」と肝に銘じていたが、この人たちは私を巻き込むのに一生懸命であった。しかし、私は染まらなかった。


　また、レース屋とか資材屋が、ランブールをジャンプして販売会社に群がるのである。無秩序な業界である。

　あっちこっちの販売企業が、アメリカから移入したネットワークビジネスを勉強して、販売がシステムっぽくなったりする。ソフトをつくる会社やコンサル会社もでてきて、ネットワークビジネスを広げていった。

　ランブールの得意先でいえば、「シャンディール」がそうであった。数百億円を売上げていたところである。「ランブールは月１億円以上の取引はしない」と打ち出すと、嫌われてしまったので、取引を辞めた。大きな得意先を切るのは財力がなければできないことだが、ランブールは平気でやった。

やがてネットワークビジネスは悪徳商法化していった。マルチ商法である。そんなところが大きく膨れ上がり、社長は天狗になる。スタッフも海千山千で、ランブールの営業員では太刀打ちできない。

訪問販売はいわば積極販売であり、商店の客待ち消極販売と違って、伸びるのである。ネットワークビジネスもそうである。

しかし、時代が変わり、共働きが当たり前になった。在宅主婦がいなくなって、訪販もネットワークビジネスも厳しくなった。

OEMについて

OEMは相手先ブランドであり、相手先ごとに依頼された商品の開発をすることである。OEMで大変なのは、パターンメイクだ。相手の社長さんやスタッフとコミュニュケーションを取って、要望通りのものをつくる必要がある。ランブールの得意分野であり、過去にはOEM一辺倒であった。

補正下着販売の悪徳商法が長期間にわたって続いたために、ネットワークビジネスはほぼ壊滅した。水面下では、私はネットワークビジネスを相手にしなかった。ただ、OEMであってもランブールの商品は本物のファンデーションであるので供給した。ランブールの得意先は本物の下着のお陰でクレームはないのである。

そのような業界の商材だと知らずに、自社のオリジナルブランドをつくりたいと、ＯＥＭをやってほしいという人がいる。そういう話があれば、ランブールの営業が飛びつくのであるが、つくってはならない先である。

相手もそう簡単に売れるものではない。相手のなかには、実際にネットワークビジネスをかじった残党もいる。それにも営業は飛びつくので困っている。やってはならないことであるが、旧態依然の営業が止まらないのである。

小口のＯＥＭであっても、商品企画開発は手を抜くことはしない。資材も準備し、試作用パターンでイメージサンプルをつくり、相手に提出する。いくつもサンプルを提出させられることがほとんどである。しかし、結局は〝サンプル泥棒〟だったと言わざるをえない相手もいるのだ。

本当のＯＥＭを分かっているのは私しかいない。

ＯＥＭで怖いのは、一点主義になってしまうことである。「ナウの下着」のようにバリエーションがあり、さらにアイテムのラインナップが揃っていての販売であれば、選択肢があるので、消費者は納得して買ってくれる。しかし「良いもの一点」というのはネットワークビジネスの商材なのである。言い換えれば、一点とは選択肢のない押し売り商材である。ランブールは「相手の言うまま営業、相手の言うまま企画」するはめになり、無茶苦茶な下着をつくらされて、あげく価格は下げさせられて、資材は余ることになる。だから、私は「貧乏OEM」と言っていた。

初期の頃の私は、「企画営業」と言って、私一人で要望を聞き、図を描いて、ランブールへ帰ってから商品企画開発のスタッフにサンプルをつくらせた。しかし、スタッフを決して表に出さずに黒子にしていた。いわゆる秘密兵器である。だから「ランブールはすごいな」ということになる。

今では企画スタッフを前面に出してしまっており、スタッフは全国版の晒し者になっている。もう、もとに戻らない状態である。

私は「コミュニケーションを形にします」「ランブールは要求要望通りにつくる技術があります」「OEMには思想が必要です」「社長さんの考える理想の下着を言ってください」「その理想が思想であります」「あなたの思想の差別化で勝負します」と社長をつかまえて説得するのである。

私はOEM向けのトークを山ほど持っている。OEMとはとどのつまり、押し売りをする商品である。だから、他メーカーのOEMは消費者センターに走られるが、ランブールのものは良いから一切苦情がない。

私は、販売の最前線を見てきた。

ランブールのOEMは斬新であり、他所ではなかなかつくれない。最初の注文はそこそここであっても、ネクスト注文は100枚だったりする。しかし、リニューアルにも応じるので儲からない。まさに「貧乏ＯＥＭ」である。

営業スタッフによって差はあるが、得意先にはスポットＯＥＭで応じる。それは在りカラー、在り資材のみで、追加はなしという限定生産であり、「貧乏ＯＥＭ」ではない。得意先にも喜んでもらえる。そのようなサービス生産を続けていきたい。

かつて、ランブールはＯＥＭで勝負してきた。ランブールのＯＥＭは順番待ちであった。しかし、これは昔の話である。時代は変わっている。それを踏襲していてはならない。変革変身していかなければならない。

下着のカタログを作成する「企画デザイン室」

私が社長に就任して間もなく、新しい部署として「企画デザイン室」をつくった。

当社のデザインはパソコンで行なっている。アップルコンピュータやエプソンのプリンター機にはプロ用のソフトが入っているが、前述したその部署の2代目リーダー・小野奈加子は感性のかたまりのような才能の持主である。とくに、画像の合成が得意であり、街の印刷会社が驚くくらいのものをつくりあげる。

新商品ができれば、企画デザイン室が新たなカタログをつくりあげる。写真撮影用のスタジオもつくった。背景用のロールスクリーンもプロに任せてつくったが、これは人体用なので大型である。

昔はモデルを私が選んで、外部のデザイナーに任せていたが、今はいっさい口出ししない。十二分に私の感性感覚を超えている。

スタジオ入口に「オンエア」のサインが出ているときは、撮影中である。写真撮影もすべて企画デザイン室のリーダーが行なう。仕上がった写真やデザインをチェックするのは私であったが、今はしていない。

人間の目は、10万色以上の色を識別できるとされており、色の妥協を私は許さなかった。ビジュアルデザインでは、フランスの色や日本の色の深さを徹底して求めていく。文字などの配列は、髪の毛1本の幅でこだわって修正し、決定していく。

リーダーがつくるカタログはとても斬新なものになるが、斬新である反面、エレガントと高級感も十分に備えており、カタログの目的を外していないので安心である。

顧問に退いてからは、まったく私を通さずに新社長のもとで行なっている。悔しい思いも多少はあるが、次の世代に託すことは当たり前である。

ついでながら、私が商工会の会長をしている時に、街の商店でチラシをつくるスクールを企画し、講師を招いたことがある。ポップ調のデザインで、商品を安い値段でアピールするものであった。これまでのチラシに比べて、私の招いた講師がつくったものの方がよっぽどよいと思った。

また、地元のイベント記事での新聞広告にも、新しいスタッフがデザインした広告を出したことがあるが、ある人から、今年のデザインはちょっと会長らしくないと指摘されたものだ。

オーダーメードはやらなかった

オーダーメードを引き受けない理由、それは、発注する消費者は理想の体型ではないからである。そのため、ランブールにはサイズが豊富にある。

オーダーメードをやっているメーカーも多いが、ほとんどは言葉だけ。体型を採寸して丁寧につくるところは皆無だといっていい。

ランブールは他と違う独自路線にこだわり、個々の要望には内製化で対応している。

「ナウの下着」のシリーズ

・ナウフィール…初めて着用する若い女性のための下着ファンデーション
・ラヴィエール…簡易的で気楽に着用できる下着ファンデーション
・ナウクチュール…機能ばっちりの本格下着ファンデーション

・クインブール：最上級下着ファンデーション
・イオセラン：スパッツやストッキングや骨盤シェイパーなどの着圧サポートアイテム

以上が、新社長はじめみんなで創り上げた、下着ファンデーションシリーズである。これらのすべてにブランドを立ち上げている。

カラー展開やリフォームの商品開発を行なうことで、常に先端を行く下着コレクションを提供している。

「トータルビューティークリエーション」と化粧品製造

ナウは、下着ブティックサロンの他、エステティックなど美容サロンを得意先にしている。

だから、美容に特化しなければならないということで、「トータルビューティークリエーション」を実現するために、化粧品事業にも取り組んだ。

下着と同様に、本物の基礎化粧品づくりを目指した。ナウの一角に化粧品を研究するための工場をつくり、苦節20年。これだけの歳月をかけて、化粧品のベースとなる、コスモトロンという活性水の特許を取得した。

コスモトロンのおかげで、アルコールをベースにせずに化粧品をつくることができるようになった。

また、鉱物を使わず、植物抽出エキスだけを使用した自然派基礎化粧品のブランド「アクアクイーン」を立ち上げた。

「アクアクイーン」の商品は低刺激であるため、アレルギー肌の人には大変重宝がられている。手づくりなので、ロットでは販売していない。得意先専用のオリジナル商品として喜ばれており、下着とは別に多くのファンがいる。

エピローグ

ここまで本文で述べたように、ランブールでつくっているような、本物の〝下着ファンデーション〟は、もはやどこもつくっていない。

現在「ボディファンデーション」という言葉は、メーカーやユーザーの間では死語になっている。

テレビショッピングでは、ボディファンデーションという言葉をたまに使っているが、その言葉の本当の意味は分かっていない。「補正下着」といって販売することもある。

これらの商品には、ハードなストレッチ素材は使われておらず、ビローンとしたニット編みの素材を使っている。

だから、オーバートークでものすごくアピールしているが、実際の商品の質とはかけ離れた宣伝になっている。それでも「アメリカ企画・中国製」「何千万枚売れた」などと、すさまじく上手いトークで売っている。

ランブールのような機能下着は、つくるのも難しく、売るのも難しい。大量に売り捌け(さば)ないから、何千万枚も売れるわけがない。

一方、キャミソールなどのランジェリーや、ブラショー(ブラジャー&ショーツ)などのレディスインナー、ファッションインナーと呼ばれる女性向け肌着は、いまや生活必需品である。

こういう商品の名称や定義は様々であるが、我々は、柔らかいから「やこ物」といっている。プロポーションなどのボディメイク機能はさらさらないものである。

だが、日本の人口の半分が女性であり、子供の人数を差し引いても4000万人の女性に肌着を供給しなければならない。これがなければ洋服も着られず、外へも出られず、生活できなくなる。だから、生活必需品なのである。

たとえば、ショーツやブラジャーは洗い替えや消耗に備えて、1人10枚以上は持っており、合計すると膨大な数になる。それだけの需要があるのだから、大量生産大量販売のメーカーは多くある。また、90％以上は海外生産である。売り場はスーパーマーケットや量販店やモールなどの専門店。もちろんネットでも買うことができる。

アパレルメーカーやファッションメーカーが、これらの商品を供給する役割を担っている。ユニクロやしまむらはもちろんのこと、ワコールだって売上を伸ばすために、これらと同じようなアパレルメーカーになっている。

したがって、現在、本物のボディファンデーションの市場はないといっていい。

母は、結局ボディファンデーションの先駆者、草分けだったのである。

当時、ボディファンデーションという言葉がなくて、母は「伸縮下着」とか「装身具」と言っていたけれど、ストレッチ素材下着、すなわちボディファンデーションの元祖であった。

ランブールはこれから、ボディファンデーションを守っていくため、市場をつくり上げていかなければならない。それは、ボディファンデーションの需要をつくるということでもある。

ランブールは、ボディファンデーションのものづくり資源を、経営資源として守ってきたし、蓄積している。歴史と伝統と感性と技術技能があるのである。

そして何よりも、斬新な下着ファンデーションをつくっている。それこそ、コレクションとしても楽しめる下着だ。

これから、急速に価値観が変化する市場に、ランブールの技術でどう応えていくかも課題である。

ますます多様化していく状況に、この私の本が参考になれば幸いである。

おわりに

ここまで原稿を書き進めて、まず言えることは、私が男なので、女性の視点を持ちあわせていないということ。この本を書くにあたっては、女性のパートナーがいればよいなと思ったこともあります。しかし、あえて、それをやりませんでした。

それは「男だてらによくやってきたな」という自負もあったからです。

もう一つは、私は、会社にいて、男性女性の差別をしなかったということがあります。

すべて同じ人間であるという考えで接してきました。

だが、矛盾しているかもしれませんが、男性がいても、女性の職場であり、女性を相手にしたビジネスですので、男性世界での「夜の帝王」などの武勇伝は御法度（ごはっと）だと思っています。

まず、妻を大事にしなければなりません。ですから「夫婦円満」をモットーにしております。妻とは80回海外旅行に行きましたが、もちろん、素晴らしい人柄で、尊敬に値する女性です。

かつて行政が、社内で貼るようにと、セクハラ防止のポスターを持ってきたことがあります。私は「こんなものを貼ること自体が、そういう会社だというイメージを持たれる」

といって突き返しました。

この本の執筆にあたっては、業界の歴史などはとくに調べもせずに、書き進めてきました。しかし、私が経験体験したことはまぎれもなく事実であり、当事者として「ありのまま」書きました。

どうしても関係者が登場せざるを得ない場面もあります。気遣いにも限度があり、事実を書かざるを得ない部分では、差し障り（さわ）があればどうしようと心配をしながら書きましたが、多少のお叱りは覚悟しております。お許しいただければ幸いです。

また、多くの地域団体活動をやってきました。それは公職とまではいかなくても、ボランティアであることには間違いありません。公立高校のＰＴＡ会長を皮切りに、野球部後援会長、商工会会長、税務行政の任意団体である法人

富山県日中世界遺産シルクロードの旅にて

会会長、警察協議会会長、銀行の親睦会会長、地元日中友好協会会長、ゴルフ連盟理事長、不動寺総代、お寺の門徒総代、その他に、県繊維協会副会長だったり、社会福祉協議会の理事だったりを多く受けてきました。手帳のスケジュールには会合やイベントの予定が満杯でした。

その他にも、市長さんの後援会長、国会議員さんの後援会長や選挙での選対本部の総括責任者もやってきました。

そういった仕事の担当を通して、私は、1ミリの我田引水もやってこなかった、と言い切ることができます。そういう役職になりたいと自分で手を挙げたこともありません。みんなの互選だったり持ってこられたりでした。

しかし、とくに政治は、清き一票を入れることが大事です。実は、選挙など政治に携わることは嫌いです。

だから、私という人間は「自分自身がいったい何者なのか」が分からなくなっていたと思うのです。自分を殺して好きなこともやらずにきた半生とでも言いましょうか。

しかし、ランプールという会社のお陰で、3人の子供も立派に育ち、家族が幸せに暮らすことができました。

まぎれもなく社員のみなさんや取引先のみなさんのお陰です。社員さんは宝です。

母は「恥ずかしいくらい仕事の虫であった」といっていました。母も片親で3人の子供を立派に育てました。私も同じ道を歩んでいるのです。

今となっては建物もありませんが、大阪は母の聖地です。御領神社や石切神社にも行ってきました。

母は、小篠綾子さんと親密な付き合いをしていました。母と綾子さんの決定的な違いは、綾子さんの3人の子供は女性であり、3人とも親の仕事であるデザイナーを継いだということです。

一方、母の子供は3人とも男性です。その時点で母は、子供に女性下着の仕事を継がせることを諦めていました。鴨島外子の代で終えようとしていたのです。しかし、ランブールは鴨島外子の意思を継いでいます。私は母に本を出してあげると約束しましたが、果たせませんでした。本の中身はランブール一色ですが、できるだけ母のことを書い

令和4年11月、桜井市長の5期目当選の万歳

たつもりです。だからこの本は最初に母に捧げます。

最後になりましたが、この本の内容は私が実践してきたことですが、社員のみなさんにはほとんど話していません。誰にも公表してこなかった内容です。社員研修会などの訓示や会議では、社会情勢や経済動向、ランブールの直面していることなどについて話すのが主でした。たまに、工場見学では、ものづくりの一部を話したことがありますが。

現在、ボディファンデーションをテーマに話し合える人がいなくなりました。私はみんなに伝える責任があると感じていますから、この本でさわりだけでも残したいと思います。

筆を置くにあたって、これまでお世話になった社員の皆さんや取引先の皆さん、そして、各団体や地域の皆さんに、この場を借りて、心より感謝を申したいと思います。

ありがとうございます。

令和5年7月末日　　　　鴨島榮治

妻と私

著者略歴 鴨島榮治 かもじま・えいじ

誕　生 昭和 21 年 9 月 28 日、石動町（現小矢部市）に生まれる。

学　歴 昭和 40 年 3 月、富山県立石動高校卒業
昭和 42 年 3 月、福井工業大学中退

職　歴 昭和 42 年 4 月～ 46 年 5 月、北陸冷凍空調㈱、（金沢市）
昭和 46 年 5 月～ 48 年 9 月、大東工業㈱、（高岡市）
昭和 48 年 9 月～ 51 年 9 月、村谷ポンプ管工、（かほく市）
昭和 50 年 9 月、㈱ランブール入社、（本店・小矢部市水牧）
昭和 52 年 10 月、㈱ランダック設立・代表取締役就任、（本店・小矢部市芹川）
昭和 53 年 6 月、㈱ランブール取締役副社長
昭和 57 年 12 月、㈱ランブール代表取締役社長
昭和 63 年 3 月、㈱ナウ設立・代表取締役就任（本店・金沢市米泉町）

団体歴 平成 5 年 4 月、平成 5 年度石動高校ＰＴＡ会長に就任
平成 6 年 4 月、平成 6 年度石動高校ＰＴＡ会長に就任
平成 8 年 5 月～平成 9 年 5 月、小矢部市工場協会副会長
平成 9 年 3 月～平成 30 年 7 月、倶利伽羅不動寺総代
平成 9 年 5 月～平成 14 年 8 月、小矢部市事業所協会副会長
平成 12 年 4 月～平成 20 年 3 月、社会福祉法人小矢部市社会福祉協議会理事
平成 13 年 1 月～令和 4 年 2 月、北國銀行石動支店北親会会長
平成 13 年 4 月～平成 14 年 8 月、小矢部市経営者協会会長、その後当協会解散
平成 14 年 5 月～平成 18 年 5 月、小矢部商工会会長
平成 14 年 5 月、小矢部職業安定協会副会長、歴任
平成 14 年 5 月～平成 16 年 5 月、小矢部市シルバー人材センター理事
平成 15 年 5 月、社団法人富山県日中友好協会常任理事、歴任
平成 15 年 5 月、社団法人富山県雇用対策協会理事
平成 16 年 4 月～平成 20 年 3 月、財団法人クロスランドおやべ理事
平成 17 年 4 月、小矢部警察署協議会会長、歴任
平成 18 年 6 月～平成 28 年 9 月、小矢部市日中友好協会会長
平成 22 年 4 月、小矢部市ゴルフ連盟理事長、歴任
平成 23 年 5 月～平成 29 年 6 月、富山県繊維協会副会長
平成 23 年 5 月～平成 29 年 5 月、県立石動高校野球部後援会会長
平成 23 年 5 月～ 25 年 5 月、財団法人小矢部市体育協会監事
平成 24 年 4 月、金沢市いなほ工業団地連絡会理事、現在に至る
平成 27 年 5 月～令和 1 年 5 月、公益社団法人砺波法人会会長

男だてらに女性下着づくりにこだわった男の物語

2023年12月15日　第1刷発行

著者　鴨島榮治

発行　アートヴィレッジ
〒663-8002
西宮市一里山町 5-8・502
Tel：050-3699-4954
Fax：050-3737-4954
Mail：hon @ artv.jp

装丁　西垣秀樹